KB074232

특종!
생명과학
뉴스

인간·동물·지구의 생명은
어떻게 연결되어 있을까?

특종! 생명과학 뉴스

진화에서 부활까지

이고은 지음

북트리거

들어가며

중고등학교에서 생물 교사는 생명과학I, 생명과학II 말고도 통합과학, 과학탐구실험, 생활과 과학, 환경 등 여러 교과목을 가르칩니다. 딱딱하고 재미없어 보이는 이름이지만, 그 속엔 생명윤리 및 미래 사회와 환경을 둘러싼 다양한 주제가 들어 있죠. 나아가 이 교과목들은 윤리(도덕), 역사, 기술·가정, 정보 과목 등과 이어져 더 많은 생각거리를 던지고요.

그런데 교실엔 이들 교과서 속 내용을 '나'와 직접적으로 관계없는, 단순한 지식으로만 받아들이는 학생이 많습니다. 실은 그 교과서가 DNA나 유전 현상을 발견한 당시의 이야기뿐 아니라, 우리가 숨 쉬며 살아가는 바로 오늘의 '이슈'를 담고 있는데도요. 냉동인간이나 노화 치료, 장기이식 등 생명 연장 과정에서 빚어지는 사회문제와 경제적 차이로 말미암은 수명 불균형 문제, 동물권과 인류 복지의 갈등, 사람 복제나 유전체 편집의 허용 범위, 자원 개발과 환경보존의 대립처럼 지금을 살아가는 우리가 맞닥뜨린 문제를 말이죠. 하지만 솔직히 털어놓자면, 대학입시를 준비하는 학생들에게 제한된 수업 시간에 교과서 이면의 내용까지 설명하고 함께 생각할 시간을 갖기란 쉽지 않았답니다.

기존의 사회윤리 규범이나 법적 규제는 빠르게 발전하는 과학기술의 속도를 못 따라가고 있어요. 과학기술은 어느 특정한 집단에만 영향을 미치지 않죠. 현재를 살아가는 우리에게 '모두' 영향을 주기 때문에, 앞서 언급한 이슈들에 대해 올바르게 가치판단을 해서 사회적 합의와 의사 결정 과정에 모든 이가 골고루 참여할 수 있어야 합니다.

우리 학생들이 생명과학 개념을 정확히 이해함으로써 그 과정에서 소외되지 않기를 바라는 마음으로 이 책을 썼습니다. 최근에 접했을 법한 생명과학 뉴스를 찾아 소개했고, 그 안에서 관련 교과 개념과 생각거리들을 꺼내어 재밌게 설명했어요. 각 장에서 본격적인 이야기를 펼치기 전에 뉴스 기사를 먼저 배치한 이유는, 뉴스를 통해 교과서 속 개념을 오늘의 나에게 영향력 있는 이야기로 좀 더 생동감 있게 전달하기 위함이죠. 책에 소개된 뉴스는 지난 10여 년간 실제로 보도된 언론 기사를 참고해, 필요한 부분을 중심으로 새로 쓴 것입니다.

이 책의 모든 장은 독립적으로 구성됐어요. 평소에 관심 가는 주제가 있었다면, 혹은 흥미를 끄는 제목을 찾았다면 그 부분부터 편하게 읽어도 좋죠. 아무쪼록 독자 여러분께 이 책이 생명과학에 흥미가 생기고, 주변의 생명과학 이슈에 관해 역동적으로 사고하는 계기가 되기를 바랄게요!

책이 완성되기까지 도움을 주신 분이 참 많습니다. 지난 2년 동안 원고를 연재하면서 생명과학 개념을 전하기 급급했던 글을 독자들에게 더욱 친절하고 읽기 쉽도록 탈바꿈해 준《중학독서평설》 편집부, 단행본 출간 과정에서 매력적인 목차를 구성하고 원문 대조를 통해 과학적 사실 여부를 다시금 확인하느라 수고한 서동조 에디터, 주제 선정과 집필 과정에서 의견을 주고 늘 애정 어린 시선으로 의지가 되어 준 남편 박호진, 내 아이에게 전할 세상의 많은 이야기를 엮어 내고 싶다는 목표가 되어 준 나의 작은 심장 온유, 그리고 도전과 창작의 유전자를 물려주신 부모님께 이 책이 작은 기쁨이 되길 진심으로 바랍니다.

2022년 겨울,

이고은

내 몸에서 출발하는 알쏭달쏭 생명과학 지식

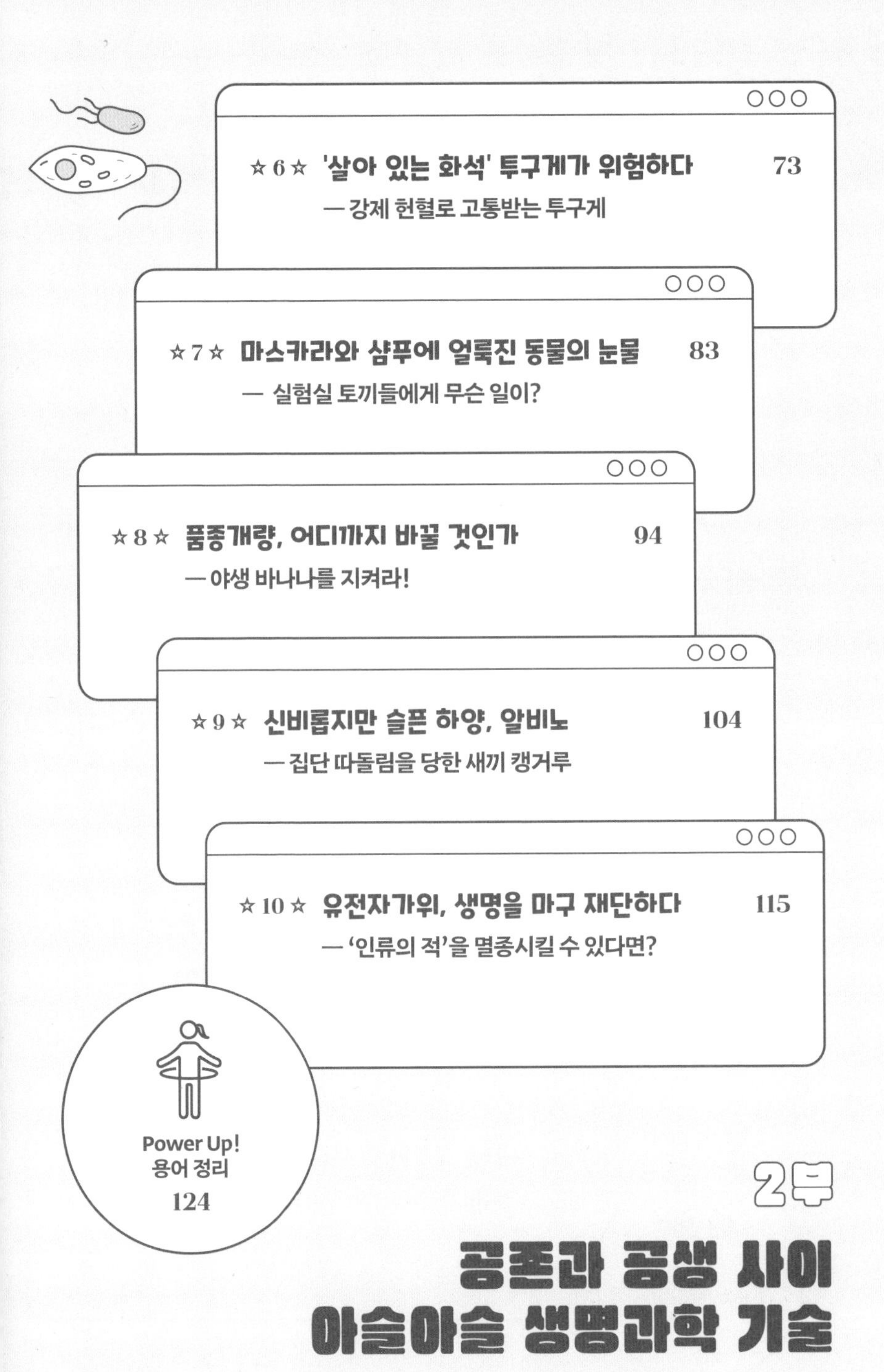

2부

공존과 공생 사이 아슬아슬 생명과학 기술

3부 우리 사회에 던지는 뜨끈뜨끈 생명과학 질문

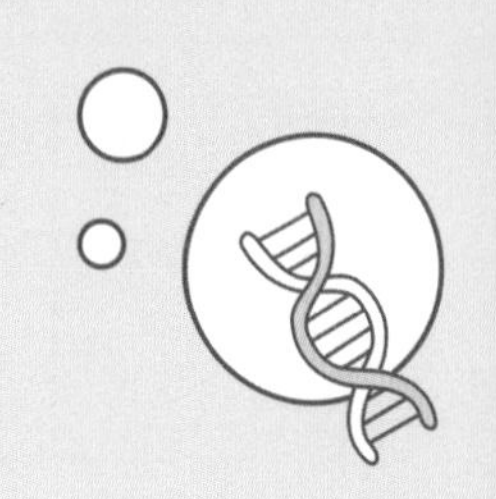

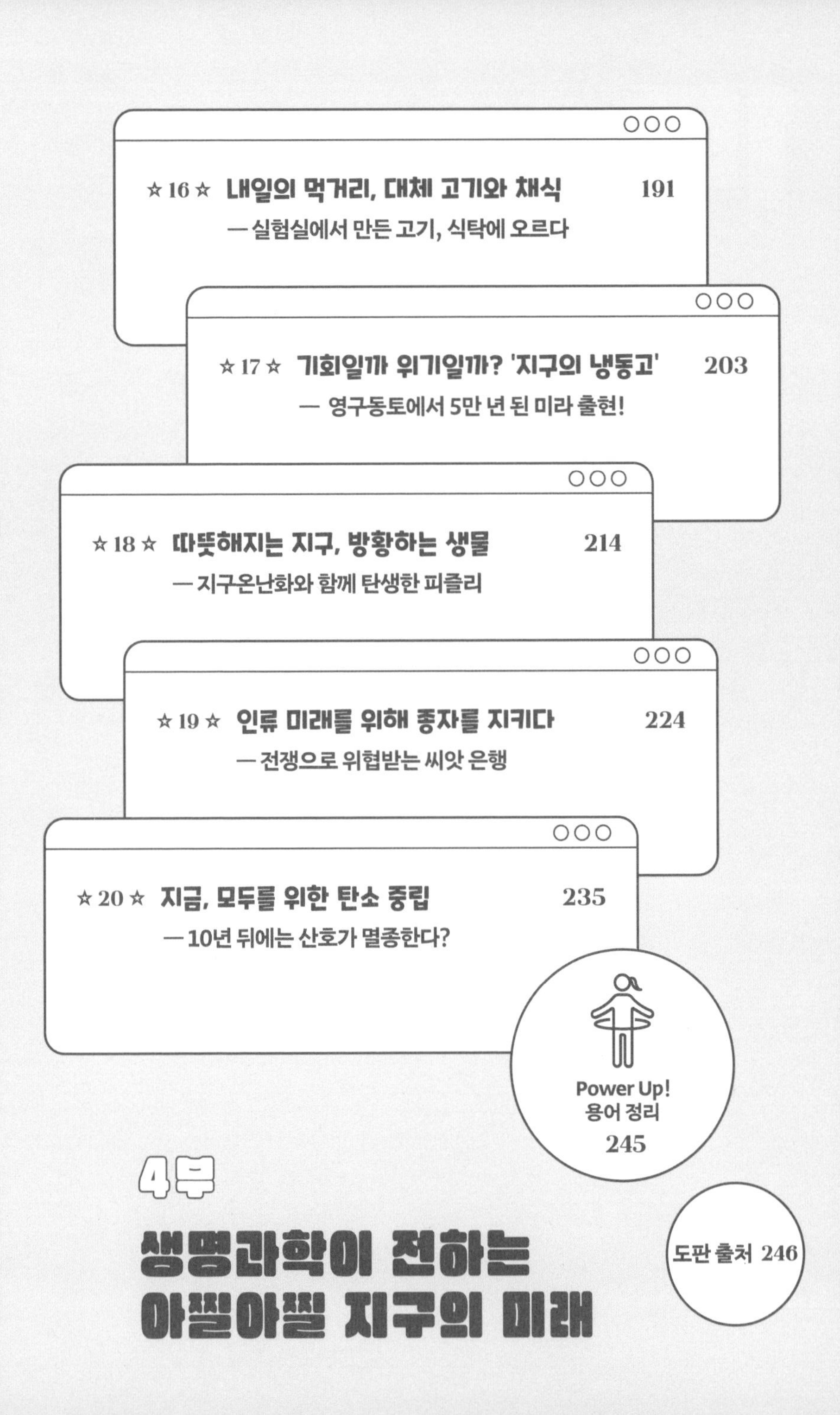

4부

생명과학이 전하는 아찔아찔 지구의 미래

1부

내 몸에서 출발하는 알쏭달쏭 생명과학 지식

☆ 1 ☆

백신, 우리에게 방패인가 위협인가

코로나19 백신 맞으면 좀비 된다?

2021년 8월, 미국 언론은 좀비를 소재로 한 영화 〈나는 전설이다〉가 코로나19 백신 접종 거부자들 사이에서 화제가 되고 있다는 소식을 전했어요. 영화 속에선 백신을 맞은 사람들이 몇 년 뒤 좀비로 변하는데, 현실에서도 똑같은 일이 생길 수 있다는 주장이 온라인상에서 확산했기 때문이죠. 대체 코로나19 백신이 다른 백신과 무엇이 다르기에, 이처럼 허무맹랑한 소문이 퍼졌을까요? 또 사람들이 불안해하는데도 각국 정부가 백신 접종을 권고한 이유는 뭘까요?

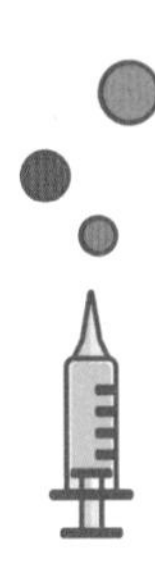

백신을 둘러싼 흉흉한 소문

2007년 제작된 영화 〈나는 전설이다〉*I Am Legend*는 홍역바이러스를 암 치료 목적으로 개조해 사람들에게 투여했다가, 그게 변이를 일으켜 변종 인류가 탄생한다는 내용입니다. 잘못된 백신으로 멸망에 이르게 된 순간, 과학자인 주인공(윌 스미스 분)이 자신을 희생해 인류를 구할 치료제를 완성하며 영화는 막을 내리죠.

개봉 당시 이 영화는 기발한 상상력과 흥미진진한 전개로 많은 사람에게 호평받았어요. 그런데 〈나는 전설이다〉가 2021년에 전혀 다른 이유로 다시금 주목받았습니다. 코로나19(COVID-19), 즉 코로나바이러스감염증-19에 대한 백신 접종을 거부하는 이들 사이에서 영화의 설정을 근거로 한 음모론이 제기됐기 때문이에요.

2021년 9월 영국 런던에서 백신 접종 반대 시위를 벌이는 사람들.

일반적으로 백신은 개발되어 상용화하기까지 5~10년의 세월이 걸립니다. 그 기간은 백신의 안전성과 효능을 입증하는 데 대부분 사용되죠. 하지만 코로나19 백신은 세계적인 위기 상황을 고려해서 11개월 만에 개발돼 세상으로 나왔어요.

유례없이 짧은 개발 기간을 두고 사람들은 백신의 안전성을 의심했습니다. 이에 더해서 화이자·바이온텍(Pfizer-BioNTech)과 모더나(Moderna)의 백신이 과거에 한 번도 써 본 적 없는 'mRNA(messenger RNA, 전령RNA) 백신'이란 사실이 알려지자 사람들의 공포심·불안감은 더욱 커졌죠. 감염병으로부터 인류를 구할 열쇠인 동시에 두려움의 대상으로 여겨진 백신, 과연 그 실체는 뭘까요?

암소에게서 시작한 백신 개발

백신 접종은 전쟁을 앞두고 적군의 공격에 대비하기 위해 벌이는 가상전투라 할 수 있어요. 인체는 한번 맞서 싸운 바이러스를 기억하고, 다음에 비슷한 바이러스가 침입하면 더 잘 싸울 수 있는 항체를 만들어 내는 능력을 지녔습니다. 따라서 독성이 약하거나 아예 죽은 바이러스를 미리 우리 몸에 주입하면 항체가 형성되어, 나중에 진짜 바이러스가 들어왔을 때 제대로 대응할 수 있죠. 이렇게 연습용으로 투입하는 바이러스가 바로 백신이에요.

인간이 만든 최초의 백신은 천연두 백신입니다. 지금은 지구상에서 사라졌지만, 200여 년 전만 해도 천연두는 인류에게 가장 무서운 질병 가운데 하나였죠. 특별한 치료제가 없던 탓에 감염자는 대다수 사망했고, 살아남더라도 피부에 짙은 흉터를 지닌 채 살았어요. 또한 천연두는 전염성이 강해서 한번 유행하면 수천, 수만 명이 목숨을 잃었습니다.

그러던 중 18세기 영국 의사 에드워드 제너(Edward Jenner)는 '한번 우두에 걸린 사람은 천연두에 감염되지 않는다'는 소문을 듣게 돼요. 우두는 당시 소젖 짜는 일을 맡은 사람들이 종종 걸리던 병인데, 인간에겐 치명적이지 않았죠. 이에 제너는 사람에게 우두 바이러스를 접종하면 천연두를 예방할 수 있겠다고 생각했답니다.

에드워드 제너가 제임스 핍스에게 우두바이러스를 접종하는 모습을 묘사한 그림.

1796년 5월, 그는 자택 정원사의 여덟 살짜리 아들인 제임스 핍스(James Pipps)에게 우두바이러스를 접종했고 6주 뒤엔 천연두를 일으키는 바이러스를 주사했어요. 제너의 예상대로 소년은 천연두 증세를 전혀 보이지 않았죠. 이를 통해 제너는 예방접종으로 바이러스 감염을 막아 낼 수 있다는 사실을 최초로 밝혀냅니다.

한편 19세기 후반엔 프랑스의 미생물학자·생화학자인 루이 파스퇴르(Louis Pasteur)가 제너의 우두 접종에서 아이디어를 얻어 천연두 외에 다른 질병을 예방할 방법을 연구했습니다. 먼저 파스퇴르는 닭에게 콜레라를 일으키는 세균을 배양했죠. 그런 다음 오랜 시간이 흘러 힘이 약해진 세균을 닭에게 주사했고요. 시들시들한 세균이 몸에 들어간 닭은 금세 콜레라에 면역이 생겼답니다.

파스퇴르는 이처럼 독성이 약한 세균으로 만든 예방주사에 '백신'(vaccine)이라는 이름을 붙였어요. 백신은 암소를 뜻하는 라틴어 '바카'(vacca)에서 따온 말로, 우두 접종을 개발한 제너를 기리는 의미가 담겼죠.

참고로 한반도에서 우두 접종을 처음 시행한 사람은 한의사 지석영입니다. 1879년(고종 16) 천연두 대유행 때 조카딸을 잃은 그는 부산의 일본인 의사로부터 우두 접종법(종두법)을 배워 와 많은 생명을 살렸습니다. 백신은 일제강점기에 도입되었는데, 독일어 '박친'(Vakzin)을 일본어식으로 옮긴 '왁찐'[와쿠친, ワクチン]이라고

부르다가 20세기 후반에 이르러 영어식 표현인 '백신'으로 쓰이게 됐죠. 이런 사정 때문에 여전히 북한에서는 백신을 '왁찐'이라고 부른답니다.

진화하는 백신, 달걀에서 유전자까지

현재 백신을 만드는 제일 보편적인 방법은 유정란이나 세포를 이용하는 거예요. 우선 '유정란 백신'은 닭이 낳은 지 10일가량 된 유정란의 배아에 독성이 약한 바이러스를 주입한 뒤 2~3일간 배양해서 생산합니다. 1940년대에 개발되어 오늘날까지 가장 널리 쓰이는 백신 유형이죠. 그러나 달걀 알레르기를 일으키는 사람은 이 백신에도 알레르기 반응을 나타낼 수 있어요. 또한 조류인플루엔자가 유행하면 달걀을 안정적으로 공급받을 수 없어 백신 제조가 어려워진다는 단점도 있습니다.

그래서 대안으로 등장한 게 '세포배양 백신'이에요. 세포배양 백신은 무균상태에서 대량으로 배양한 동물세포에 바이러스를 감염시켜 만들죠. 일반적으로 개·원숭이의 콩팥 세포가 증식이 빨라서 사용되는데, 덕분에 유정란 백신보단 짧은 기간에 생산할 수 있지만 상대적으로 비용은 더 많이 듭니다.

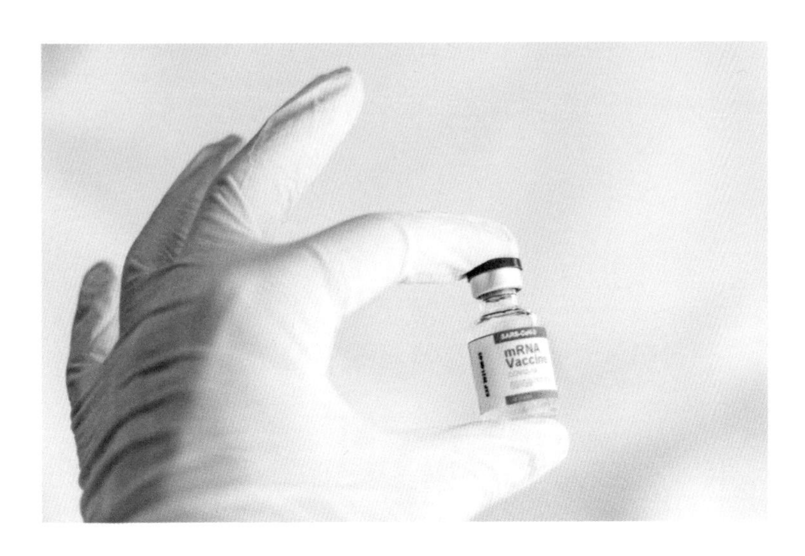

코로나19 백신에서 시작해 독감 백신으로 활용될 예정인 mRNA 백신.

유정란 백신과 세포배양 백신처럼 바이러스를 통째로 활용한 방식은 백신 접종 이후 문제가 발생할 가능성이 아주 희박하게나마 있어요. 독성을 거의 없앴더라도 백신으로 사용한 바이러스가 체내에서 예상치 못한 질병을 일으킬 수 있죠. 그런 단점을 보완한 방식이 '단백질 재조합 백신'입니다. 단백질 재조합 백신은 바이러스 등의 병원체에서 우리 몸이 적군으로 인식해 면역반응을 일으키는 특정 단백질만 따로 대량 생산해서 제조해요. 이 방식은 생산과정에 온전한 바이러스가 쓰이지 않아 안전성이 보장되죠.

마지막으로 최근에 나온 게 '유전자 백신'입니다. 유전자 백신은 바이러스의 유전물질인 DNA나 mRNA를 우리 몸에 투여하는 방식이에요. 바이러스의 유전물질이 들어간 사람 몸에서는 해당 바이러스의 일부가 생성되고, 그걸 적군으로 인식해 면역반응이 일어나죠. 유전자 백신은 바이러스의 유전물질 정보만 갖추면 빠르게 개발할 수 있고 대량 생산하기도 쉬워서 새로운 기술로 주목받습니다.

우리가 아는 코로나19 백신도 대개 유전자 백신이에요. 옥스퍼드·아스트라제네카(Oxford-AstraZeneca)와 얀센(Janssen)의 백신의 경우 DNA를 이용했고, 앞서 살핀 화이자·바이온텍과 모더나의 백신은 mRNA를 활용했죠.

정말로 백신은 재앙을 불러올까?

사실 mRNA 백신의 연구개발은 수십 년 전부터 진행됐지만, 상용화한 건 코로나19 백신이 처음입니다. 따라서 '이 백신이 몸에 주입된 뒤 시간이 흐르면 어떤 일을 일으킬지를 장담할 수 없다'는 불안감이 드는 것도 당연해요.

그러나 너무 걱정할 필요는 없습니다. mRNA는 불안정한 물질이라서 체내에 들어간 뒤 24시간 이상 버틸 수 없거든요. 짧은 시간에 사라지므로, 몸 안에서 장기적인 부작용을 유발할 확률은 0%에 가깝다고 봐도 무방하죠. mRNA가 우리 유전자 속에 남아서 자손에게 전달될 가능성 역시 없고요.

에드워드 제너가 우두바이러스로 천연두를 예방할 수 있다고 발표했을 때, 그에게는 수많은 비판이 쏟아졌어요. 우두가 더러운 질병이란 지적도 있었으며, 인간 피에 짐승의 바이러스를 넣는다는 게 구역질 날 만큼 불쾌하고 혐오스럽다는 여론도 일었습니다. 심지어 '어떤 아이가 우두바이러스 주사를 맞고 황소처럼 네발로 달려갔다'는 유언비어까지 떠돌았죠. 하지만 제너가 개발한 백신으로 마침내 천연두는 지구상에서 영원히 사라졌답니다.

물론 코로나19 백신을 무조건 맹신해야 한다는 뜻은 전혀 아니에요. 단지 낯설다는 이유로 막연히 두려워하기보단, 검증된 정보를 바탕으로 백신을 제대로 이해하려는 자세가 바람직하겠죠.

우리가 백신을 올바르게 사용하려면

거의 모든 바이러스는 세대를 거듭하며 모양·성질이 조금씩 달라집니다. 이 현상을 '변이'라 해요. 일단 바이러스가 변이를 일으키면 기존 백신은 무용지물이 됩니다. 우리가 인플루엔자(독감) 예방주사를 해마다 맞아야 하는 이유가 바로 변이 때문이죠. 현재

전 세계의 전문가들은 코로나19가 인플루엔자처럼 주기적으로 유행하는 병이 될 가능성이 크다고 예견해요. 만일 그렇게 된다면 코로나19 백신도 인플루엔자 백신처럼 매년 접종해야 하는 상황이 올 수 있습니다. 이에 대비해 백신에 관한 올바른 인식이 보편적으로 갖춰져야 하고요.

낯선 질병의 등장과 유례없이 빠른 확산, 치솟는 중증 환자 수로 안 그래도 두려운 상황에서 긴급히 투입된 백신에 불안감이 생기는 건 어쩔 수 없는 현상입니다. 우리 생명과 직결된 문제인 만큼 새로운 기술을 제대로 이해하고, 이것이 가져올 혜택과 위험성을 명확히 판단하는 일이 어느 때보다 중요해 보여요.

☆ 2 ☆

실험대에 놓인 연구 윤리, 임상시험

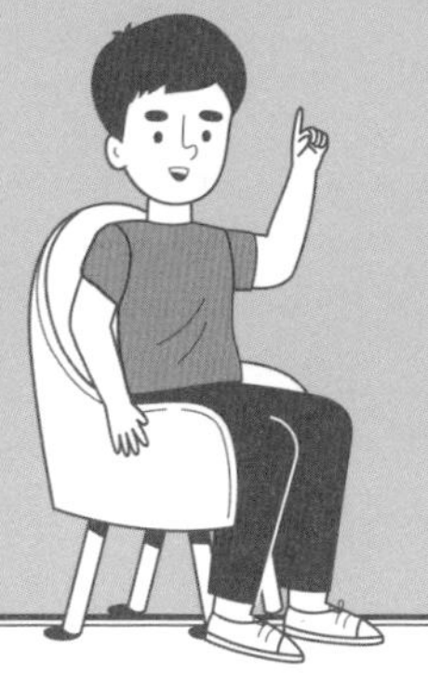

20년 전에 죽은 엄마와 마주한 딸

1951년 2월, 아랫배에서 통증을 느껴 존스홉킨스병원에 방문한 아프리카계 미국인 여성 헨리에타 랙스는 자궁경부암 진단을 받아요. 곧바로 치료를 시작했지만, 헨리에타의 암세포는 다른 환자의 몇 배에 달하는 속도로 6개월 만에 온몸으로 퍼졌죠. 결국 헨리에타는 같은 해 10월에 숨을 거둬요. 그런데 약 20년이 흐른 어느 날, 헨리에타의 딸은 병원으로부터 어머니가 아직 살아 있으니 만나러 오라는 연락을 받습니다. 병원으로 달려간 딸이 마주한 건 그리운 엄마가 아니라 작은 유리병에 담긴 세포였죠. 대체 무슨 일이 벌어진 걸까요?

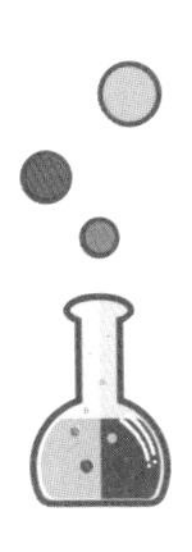

끝없이 분열하는 불멸의 세포가 탄생하다

헨리에타 랙스(Henrietta Lacks)가 사망하고 얼마 안 지나 존스 홉킨스병원의 세포생물학자인 조지 오토 가이(George Otto Gey)는 놀라운 소식을 전했어요. 세계 최초로 인간의 세포를 실험실에서 배양해 증식하는 데 성공했다는 소식이었죠. 가이는 '헬라'(HeLa)라는 이름을 붙인 세포를 공개하며, 이것이 '영원히 죽지 않는 불멸의 세포'라고 밝혔답니다.

일반적으로 인체 조직에서 떼어 낸 세포는 몸 밖에서 배양 시 최대 50회가량 분열하고 죽습니다. 그 당시 과학계에선 인체와 질병에 관한 연구를 위해 사람의 세포를 인공 배양하려는 시도가 이어졌지만, 번번이 실패했어요.

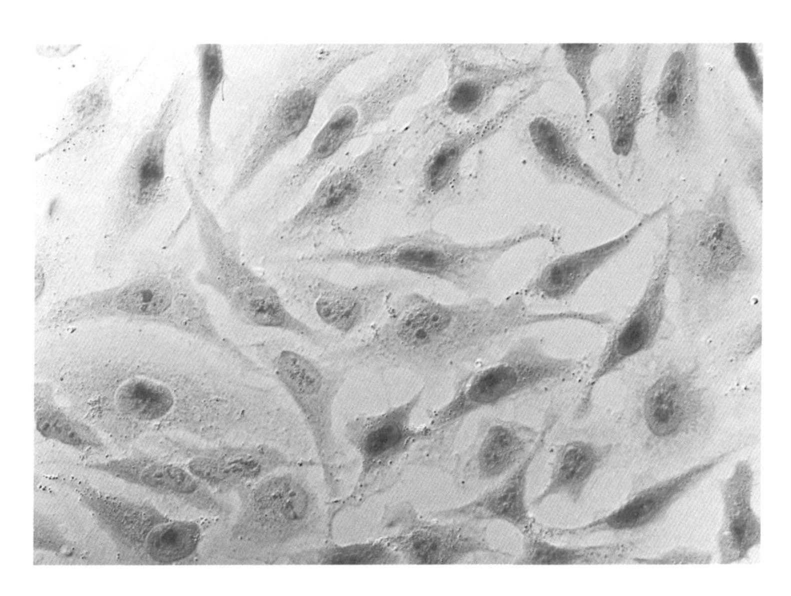

현미경으로 들여다본 헬라세포. 파란색으로 염색한 상태다.

하지만 가이가 배양해 낸 헬라세포는 달랐답니다. 강력한 증식 능력을 지닌 이 암세포는 인체 밖에서도 영양분만 적절히 공급해 주면 끝없이 분열했거든요.

그렇게 배양에 성공한 최초의 인간 세포가 된 헬라세포는 이후 수없이 복제되며 과학계·의학계에 엄청난 영향을 줬어요. 소아마비 백신 개발에 결정적인 역할을 하는가 하면, 암·파킨슨병 등의 치료법을 연구하는 데도 사용됐습니다. 심지어 1960년 12월, 과학자들은 사람의 세포가 무중력상태에서 어떻게 반응하는지 살펴보기 위해 헬라세포를 우주선에 실어 보내기까지 했죠. 오늘날에도 헬라세포는 전 세계의 실험실에서 생명과학과 의학 연구에 꾸준히 활용돼요.

화려한 성과 뒤에 가려진 사연

눈치챘겠지만 '헬라'세포는 자궁경부암 환자인 헨리에타 랙스의 몸에서 채취한 것으로, 그의 이름('He'nrietta)과 성('La'cks)에서 각각 두 자씩 따와서 지은 명칭입니다. 사망하기 전 헨리에타의 자궁에서 떼어 둔 암 조직을 조지 오토 가이가 세포배양 실험에 활용했고, 이 실험이 성공하며 '불멸의 세포'가 탄생했죠.

그런데 이 기적적인 실험 과정엔 한 가지 빠진 게 있어요. 바로 헨리에타 본인과 그 가족의 동의입니다. 헨리에타의 암을 진단하며 조직을 채취한 의사는 당시 관례에 따라 환자 본인과 가족에게 어떤 사실도 알리지 않았죠. 이후 헬라세포를 이용한 실험과 그것의 상업적 활용에 대해 유족에게 동의를 구하는 과정도 없었고요.

헨리에타가 죽은 뒤 수십 년간 유족은 헬라세포의 존재조차 몰랐습니다. 헬라세포는 현대 의학 발전에 크게 공헌하고 막대한 이익을 창출했음에도, 정작 유족은 의료보험 혜택을 받지 못할 정도로 빈곤한 삶을 살았죠.

터스키기 매독 실험 당시, 매독 환자에게 주사를 놓고 있는 연구원의 모습.

심지어 과학자들은 헬라세포와 관련한 추가 연구를 위해 유족을 속여서 이들의 세포를 얻어 내기까지 했어요. 헨리에타 본인에 이어 가족마저 이용당한 겁니다.

40년 동안 이어진 터스키기의 비극

한편 미국 앨라배마주 터스키기에선 그보다 더 무시무시한 일이 있었답니다. 1932년 9월부터 미국공중보건국(USPHS)은 '터스키기의 아프리카계 미국인 가운데 다수가 매독을 앓고 있지만 돈이 없어 치료받지 못한다'는 사실을 알고서 이들을 대상으로 생체 실험을 벌였죠. 매독을 치료하지 않고 내버려 두면 어떻게 되는지를 알아내기 위한 실험이었어요.

의사들은 매독에 걸린 400여 명을 '나쁜 피'(bad blood)를 치료해 주겠다는 말로 속여 실험에 끌어들였습니다. 그 뒤 해열진통제와 철분제를 치료제라며 나눠 준 다음, 병이 진행되는 과정을 관찰했고요. 실험 대상자들은 자신이 유익한 치료를 받는다고 여길 뿐, 연구에 이용된다는 사실은 꿈에도 몰랐죠.

더 큰 문제는, 1943년 10월 페니실린(penicillin)이 매독 치료제로 효과적이라는 사실이 학계에 알려진 뒤에도 해당 실험이 계속됐다는 점입니다. 심지어 당시 미국공중보건국은 터스키기 지역 의사들에게 '생체 실험에 참여한 이들이 병원에 오면 치료하지 말고 그냥 돌려보내라'는 지시를 내렸어요.

결국 1972년 11월이 되어서야 터스키기 매독 실험은 미국공중보건국 직원의 폭로로 세상에 알려졌습니다. 무려 40년간 진행된 실험이 여론의 반발에 부딪혀 마침내 중단됐죠. 그러나 해당 실험을 이끈 의사들은 끝까지 잘못을 인정하지 않았어요. 심지어 당시 일부 의사는 이렇게 말했다고 전해집니다. "어차피 가난해서 치료도 못 받고 죽을 사람들인데, 의학 발전에라도 이바지하고 죽는 게 낫지 않은가?"

1942년부터 미국공중보건국에서 일하며 터스키기 매독 실험을 주도한 의사인 존 찰스 커틀러(John Charles Cutler)는 각종 생체 실험의 대가로 승진을 거듭했고, 1967년 피츠버그대 교수로 자리를 옮긴 뒤에도 곳곳에서 끔찍한 생체 실험을 계속했어요. 사건의 전모가 밝혀진 뒤에야 그에겐 '죽음의 천사'(Angel of Death)라는 꼬리표가 붙었죠.

의학 연구에 필수적인 임상시험

살아 있는 사람 및 세포를 대상으로 한 실험은 오늘날에도 전 세계의 병원과 연구 기관에서 매년 수천 건씩 이뤄져요. 신약이나 의료기기, 치료 방법 등을 개발할 때 안전성·효과를 확인하는 작업이 필요하기 때문입니다.

물론 동물실험도 진행하지만, 면역 체계나 장기 구조 등이 인간과 다른 동물로는 실험 결과를 확신하기 어려워요. 결국 가장 확실한 결과를 얻으려면 개발 중인 약물·치료법을 사람에게 적용해 봐야 합니다. 그처럼 살아 있는 사람에게 직접 테스트하거나, 사람에게서 추출한 검체를 활용하는 실험 및 연구를 '임상시험'이라고 불러요.

현재 신약 개발 등 일부 분야에서는 임상시험이 필수입니다. 하지만 아무리 필수라곤 해도 임상시험을 시행할 때는 연구자와 실험 대상자 모두 신중한 태도를 갖춰야 하죠. 새로운 약물·치료법을 테스트하는 과정에서 미처 알지 못한 부작용이 나타나 피실험자가 심각한 피해를 볼 가능성이 있기 때문이에요.

연구 윤리를 감독하는 IRB의 등장

이런 위험을 방지하고 임상시험의 윤리성·정당성을 검증하기 위해 만들어진 게 '기관생명윤리위원회'(Institutional Review Board, IRB)예요. 터스키기 매독 실험이 사회적 파장을 일으킨 뒤 미국을 포함한 여러 나라에서 임상시험에 관한 법·제도가 마련됐습니다. 그 결과로 탄생한 기관생명윤리위원회는 인간을 대상으로 삼은 모든 연구의 과학적·윤리적 측면을 심사하는 곳이죠.

법학·약학·의학·통계학 등 다양한 분야의 전문가로 구성된 기관생명윤리위원회는 임상시험이 필요한 병원이나 연구 기관에 설치돼요. 이곳에선 실험의 목적이 충분히 가치 있는지, 피실험자에게 제공하는 동의서의 내용은 적절한지, 실험방법이 윤리적으로 타당한지 등을 자세히 검토해 임상시험을 승인합니다.

오늘날 우리나라에선 '살아 있는 사람'이 포함되는 연구라면 모두 기관생명윤리위원회의 승인을 받아야 해요. 거기엔 인체에 시행하는 실험뿐 아니라 소변검사, 신체에 대한 설문조사 등도 해당하죠.

고작 소변을 분석하거나 설문지 답변을 참고하는 일이 왜 문제가 될 수 있는지 의문이 든다고요? 인간에게서 얻은 모든 표본, 예컨대 소변 한 컵이라도 이 안엔 DNA를 포함한 수많은 신체 정보가 들었습니다. 마찬가지로 설문지 답변에도 여러 개인정보가 담겨 있죠. 그런 민감한 정보를 당사자 허락과 타당한 근거 없이 사용한다면, 엄연한 인권침해예요.

2005년 11월 우리나라에서는 MBC 〈PD 수첩〉의 보도로 '황우석 사건'이 불거졌습니다. 이 당시 서울대 수의과대학 교수이던 황우석은 줄기세포 연구로 매우 주목받는 스타 과학자였어요. 그러나 줄기세포 논문을 조작했다는 사실이 속속 밝혀지며 온 사회를 충격에 빠뜨렸죠. 해당 연구의 심사를 담당한 서울대 수의과대학 기관생명윤리위원회가 부실하게 운영된 사실이 드러났고, 이 사건을 겪으며 국내에서도 기관생명윤리위원회 운영의 중요성을 인식하게 됐답니다.

특히 서울은 세계에서 임상시험을 가장 많이 하는 도시 가운데 하나로 손꼽혀요. 그런 만큼 연구 윤리 검증을 더더욱 확실히 할 필요가 있죠. 이에 따라 2013년 2월부터 우리나라에서 임상시험을 시행하는 모든 기관엔 기관생명윤리위원회 설치가 의무화됐으며, 2020년 9월 기준으로 전국 863개 기관에서 기관생명윤리위원회를 운영하기에 이르렀습니다.

임상시험의 가치보다 중요한 것은?

과거에 일부 과학자와 의사는 '많은 사람의 생명을 구할 수 있다면 일부의 희생은 당연하다'는 아주 그릇된 생각으로 임상시험을 진행했어요. 그들이 말하는 '일부'란 주로 차별받는 인종이나 부모 없는 아이, 노약자, 수감자, 장애인 등을 가리켰죠.

물론 과거나 지금이나 임상시험 대상자를 구하기란 쉽지 않습니다. 하지만 대상자의 경제적 어려움이나 사회적 위치, 무지 등을 이용해서 연구를 진행하는 일은 다신 일어나선 안 돼요. 임상시험으로 얻을 모든 가치보다 무거운 건, 인간이라면 누구나 마땅히 지니는 '자기 몸에 관한 권리'라는 사실을 잊지 말아야 합니다.

☆ 3 ☆

출산, 과학기술로 새롭게 정의되다

부모가 되는 데 결혼이 필수일까?

2020년 11월, 방송인 후지타 사유리가 비혼 출산으로 아들을 낳았다는 소식이 전해졌어요. 결혼하지 않아 배우자가 없는 사유리가 일본의 한 정자은행으로부터 정자를 기증받아서 혼자 아기를 출산한 겁니다. 사유리는 '자기 신체 상태를 고려할 때 자연임신이 힘든 상황이었으며, 아기를 갖기 위해 사랑하지 않는 사람과 급히 결혼하고 싶지도 않았다'면서 비혼 출산을 선택한 이유를 밝혔죠. 그렇다면 어떻게 사유리는 낯선 남성의 정자를 기증받아 출산할 수 있었을까요?

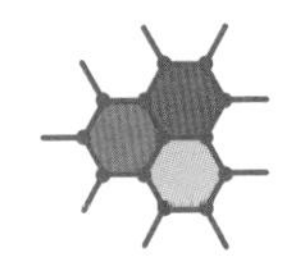

세포의 시간을 멈추는 방법

결혼하지 않은 후지타 사유리[藤田小百合]가 정자를 기증받아서 출산했다는 소식은 '부부만이 부모 자격을 지닌다'는 한국 사회의 오랜 통념을 뒤집는 계기가 됐습니다. 하지만 여러분은 이 소식보단 '정자은행'이 있다는 사실에 더 놀랐을지도 모르겠네요. 정자은행은 사람·동물의 정액을 인공수정이나 연구에 활용하려고 일정 기간 체외에서 보관했다가 선택된 대상자에게 공급하는 곳이죠.

그런데 정자은행에선 대체 어떻게 '살아 있는 세포'인 정자를 마치 통장에 돈 넣어 두듯 보관할 수 있을까요? 비결은 바로 냉동 보관입니다. 정자은행에서는 남성으로부터 채취한 정자를 보존액과 섞은 뒤 영하 196°C의 액체질소 탱크에 넣어 냉동 보관해요.

액체질소 탱크에 냉동 보관 중인 정자.

수분이 적고 냉기에 강한 단백질로 구성된 정자는 냉동·해동 과정을 잘 견딥니다. 최초의 냉동 세포로 정자가 선택된 까닭도 이 때문이죠. 과학자들은 1946년 개구리의 정자를 냉동한 것을 시작으로 1950년에는 소의 정자, 1954년엔 사람의 정자를 냉동 보관하는 데 성공했어요. 그때부터 큰 수술이나 항암 치료를 앞둔 남성이 미래에 아기를 갖기 위해 자기 정자를 냉동했고, 최근엔 나이가 들어 정자의 운동성이 떨어지기 전에 건강한 정자를 채취해서 냉동 보관하는 사례도 많습니다.

우리나라엔 정자은행이 여러 곳 운영되고 있으며, 이를 이용하는 난임 부부도 적잖아요. 그런데 문제는, 한국에서 비혼 여성이 기증받은 정자를 이용해 출산하는 일이 '사실상' 불가능하다는 것이죠. 현재 정자 기증과 관련해 명확한 법이 없는 탓에 각 병원은 대한산부인과학회가 발표한 내부규정을 따르는데, 여기엔 '정자를 기증받아 임신하려면 법적 배우자와 정자 기증 남성의 동의가 필요하다'고 되어 있습니다. 즉 결혼하지 않아 배우자가 없는 사람은 정자은행을 이용해 임신할 수 없는 거예요. 국내에 거주하는 사유리가 일본의 정자은행을 찾은 이유도 그 때문입니다.

어려운 임신, 기술로 해결하다

후지타 사유리는 자기 난자와 기증받은 정자로 '시험관 수정'이라는 시술을 거쳐 임신에 성공했어요. 여러분도 익히 알다시피 '수정'이란 정자와 난자가 만나서 하나의 세포가 되는 현상이죠. 하나가 된 세포, 즉 수정란은 여러 번 분열하며 태아의 모습을 갖춰 갑니다. 하지만 이렇게 태아가 만들어지기까지는 여러 관문을 지나야 해요. 먼저 남성은 건강한 정자를 생산해야 하고, 여성은 정상적인 배란을 통해 난자를 만들어 내야 하죠. 그리고 정자가 자궁과 나팔관을 무사히 통과해 난자와 만나면 수정란이 생기는데, 이후 수정란이 자궁내막까지 내려와 정상적으로 자리 잡아야 합니다.

만약 그 과정에서 하나라도 문제가 발생하면 임신이 이뤄지지 않아요. 이처럼 생식기관 내부의 다양한 원인으로 자연임신이 힘든 상태를 '난임'이라고 부릅니다. 최근엔 많은 난임 부부가 산부인과에서 인공적으로 임신을 유도하는 시술을 받는데, 대표적인 게 인공수정과 시험관 수정이죠.

2020년 한 해 동안 우리나라의 신생아 10명 가운데 1명은 인공수정 또는 시험관 수정을 거쳐서 태어났어요. 인공수정이나 시험관 수정 모두 '정자와 난자가 만나 수정이 일어난다'는 기본적 개념은 자연수정과 똑같습니다. 단지 의학 기술의 도움을 받아서 정자와 난자가 만나게 된다는 점이 다르죠. 시험관아기, 인공수정으로 임신한 아기 모두 자연임신 아기처럼 평범하게 엄마의 자궁에서 자라나 건강히 태어나요.

인공수정과 시험관 수정은 뭐가 다를까?

'자궁 내 정자 주입술'이라고도 부르는 인공수정은 남성의 몸에서 건강한 정자를 골라낸 뒤, 여성의 난자와 만날 수 있도록 자궁 속까지 쏙 넣어 주는 시술입니다. 물론 이때 정자은행에서 얻은 정자를 쓸 수도 있죠. 정자가 난자를 만나는 수정, 수정란이 자궁벽에

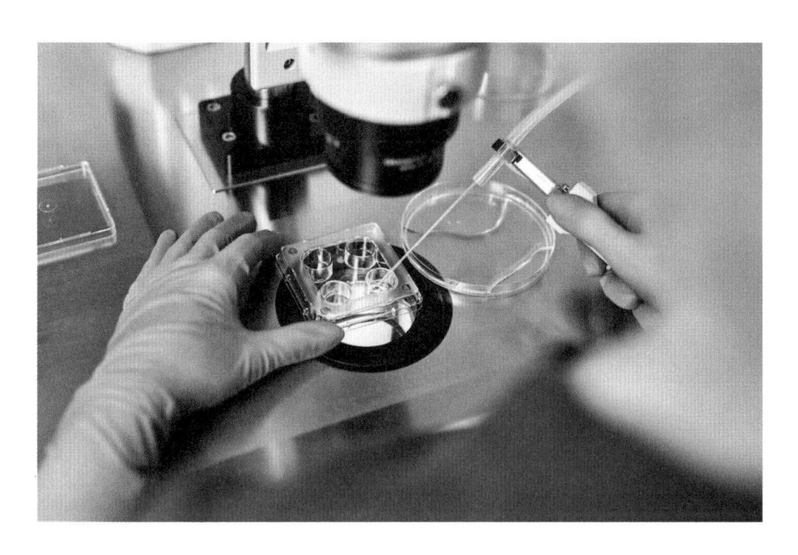

시험관아기 시술을 위해 정자와 난자를 시험관에서 수정시키는 모습.

자리 잡는 착상은 자연임신과 똑같은 과정으로 진행돼요. 그래서 인공수정을 통한 임신은 부부의 신체 상태에 따라 성공률이 달라지는데, 평균적으로 15% 정도의 성공률을 보인답니다.

한편 '시험관아기 시술'로도 불리는 시험관 수정은 정자·난자를 둘 다 몸 밖으로 꺼내어 시험관에서 수정시킨 다음, 다시 자궁에 넣는 방식이에요. 시험관 수정 또한 부부의 몸 상태에 따라 임신 성공률이 달라지지만, 가장 좋은 조건에서는 30% 정도의 성공률을 나타내죠. 자연임신 성공률이 약 25%인 점을 고려하면 무척 높은 수치입니다. 하지만 시험관 수정은 인공수정보다 기술적으로 어렵다는 단점이 있어요.

자궁 내 정자 주입술과 시험관아기 시술을 할 때는 임신 성공률을 높이기 위해서 원래 한 달에 하나씩 나오는 난자가 여러 개 나오도록 여성에게 배란유도제를 주사합니다. 난자가 많으면 동시에 수정될 확률이 높아지죠. 인공수정이나 시험관 수정으로 임신한 여성이 쌍둥이를 많이 낳는 까닭은 바로 이 때문이에요. 그러나 배란유도제는 난소를 과도하게 자극해 월경불순이나 난소낭종을 유발할 가능성이 있습니다. 따라서 인공수정과 시험관 수정은 여성의 건강을 고려해 신중히 선택할 사항이죠.

임신을 돕는 과학기술의 발달은 난임 부부에게 희망을 가져다줬지만, 동시에 매우 복잡한 법적·윤리적 문제를 낳았어요. 2015년 우리나라에서 사망한 남편의 정자로 임신을 시도한 여성의 사례가 대표적입니다. 이 여성의 남편은 말기암 진단을 받은 뒤 항암 치료를 앞두고 자기 정자를 냉동 보관했지만, 얼마 지나지 않아서 결국 숨을 거뒀습니다. 여성은 남편이 생전에 얼려 둔 정자로 시험관아기 시술을 받았죠. 그런데 문제는 '생명윤리 및 안전에 관한 법률' 제23조(배아의 생성에 관한 준수 사항)에 따라, 사망한 사람의 난자 혹은 정자로 수정하는 행위가 불법이라는 점이에요. 이 때문에 해당 시술을 제공한 병원은 질병관리청의 징계를 받았습니다.

그 사건을 두고서 일부 법률 전문가는 '부부가 난임 시술에 동의했는데, 남편이 숨졌다는 이유만으로 시술 자체를 금지하는 건

행복추구권을 침해하는 일'이라고 비판했답니다. 한편 '출생아의 권리와 유산상속 등의 문제를 고려하면 사망자의 정자를 이용한 출산을 금지하는 게 옳다'는 의견도 있었죠. 이와 관련해서는 여전히 제도적 합의가 이뤄지지 않은 상황이에요.

아기를 대신 낳아 드립니다

자연임신이 불가능한 부부가 자신들의 아기를 낳기 위해 선택할 수 있는 또 다른 방법은 대리모에게 출산을 의뢰하는 것입니다. 대리모는 의뢰 부부의 정자와 난자로 수정된 배아를 본인 자궁에 이식받아서 10개월간 키운 뒤 출산하죠. 그렇게 태어난 아기는 대리모와 유전적으로 전혀 관련이 없고요.

현재 우리나라엔 대리모를 콕 집어서 금지하거나 허용하는 법률이 존재하지 않습니다. 하지만 금전 제공을 약속하고 대리모와 계약을 맺는 행위는 처벌받을 수 있죠. 이처럼 대리모 문제가 법의 사각지대에 놓인 탓에, 불법 웹사이트 등을 통해 대리모 계약이 암암리에 이뤄지는 상황이에요.

한편 대리모 계약 자체가 합법인 그리스·덴마크·러시아·아일랜드·영국·오스트레일리아·우크라이나 등의 나라에선 대리모와 관련한 구체적 사항을 법으로 정해 놓았어요. 미국·캐나다·멕시코의 일부 지역에서도 대리모 출산을 허용해, 몇몇 할리우드 스타는 대리모로부터 아이를 얻었습니다.

그런데 대리모 계약이 합법인 나라에서조차 이에 대한 찬반 의견은 극명히 엇갈립니다. 난임 부부가 건강한 여성의 도움을 받아 출산하는 일에 왜 사람들이 반대하냐고요? 인도의 상업적 대리모 사례를 들여다보면 그에 얽힌 윤리적 문제를 잘 이해할 수 있죠.

2002년 9월부터 상업적 대리모를 허용한 인도에서는 한때 외국인 대상의 대리모 산업이 연간 7,000억 원 규모로 가파르게 성장했습니다. 대리모 출산을 의뢰한 이들은 주로 미국과 유럽, 중국의 부유한 부부였어요. 인도인 대리모가 출산 의뢰 부부의 아이 1명을 대신 낳고 손에 쥐는 돈은 약 900만 원. 저소득층의 한 달 생활비가 40만 원가량인 점을 생각하면 상당한 액수였죠. 자연스레 수많은 저소득층 여성이 대리모로 내몰리며 인도에서는 해마다 수천 명의 아기가 대리모를 통해 태어났답니다.

그러자 여성들에게 사기를 치는 대리모 브로커까지 등장했고, 출산 도중에 대리모가 숨져도 아무도 책임지지 않는 등의 문제가 불거졌어요. 결국 '세계의 아기 공장'이라는 불명예를 얻은 인도 정부는 2015년 11월 '가난한 여성의 목숨 건 출산을 막아야 한다'며 외국인 대상의 대리모 출산을 금지하고 나섰죠.

우리 사회는 얼마나 준비되어 있을까?

과학기술의 발달로 자연임신 외에 아기를 잉태하는 다양한 방법이 생겨났습니다. 건강 문제로 아이를 가질 수 없거나, 개인적인 이유로 임신과 출산을 미루고자 하는 부부에겐 반가운 일이에요. 하지만 이처럼 인공적인 방법으로 아이를 낳는 사람이 점점 많아진다면 우리 사회는 어떻게 대처해야 할까요?

결혼을 전제로 형성된 기존의 가족 범위는 과연 어디까지 확장돼야 할까요? 또 부부가 모두 죽은 뒤 다른 여성이 그 두 사람의 냉동수정란을 받아 출산한다면, 이 아기는 과연 누구의 아이인 걸까요? 소중한 생명의 탄생과 직결되는 일인 만큼, 기술 발전에 발맞춘 법적 장치와 올바른 윤리 의식이 절실히 필요한 시점입니다.

☆ 4 ☆

장기이식을 둘러싼 희망과 욕심

돼지 심장으로 살다 간 남자

2022년 3월, 역사적인 수술로 전 세계의 주목을 받았던 미국인 남성 데이비드 베넷 시니어가 사망했어요. 심장병 말기 환자였던 그가 메릴랜드대학의료센터에서 돼지 심장을 이식받은 지 두 달 만의 일이었죠. 정확한 사망 원인은 밝혀지지 않았으나, 베넷의 몸이 새로운 심장을 못 받아들인 것으로 추측합니다. 비록 베넷은 숨을 거뒀지만, 돼지 심장 이식수술은 장기이식 분야에 새로운 가능성을 던졌다고 평가받아요.

바꿔야 산다, 장기를 옮겨 붙여라!

일반적으로 병이나 사고로 손상된 신체 부위는 약물 치료 또는 수술로 회복할 수 있습니다. 하지만 간·심장·허파 등의 장기가 회복하기 어려울 정도로 망가지면, 타인의 장기를 이식받는 방법을 고려하게 되죠.

장기이식은 병들거나 손상된 신체 부위를 새로운 것으로 교체하면 건강을 회복할 수 있으리라는 기대감에서 시작됐어요. 숱한 실패와 연구를 거쳐 1950년대엔 콩팥이식에, 1960년대엔 간이식에 처음으로 성공했고요. 다음으로 의사들은 '심장이식'에 도전하려고 했지만, 이는 콩팥이식·간이식과는 완전히 다른 차원의 문제였답니다.

콩팥은 사람마다 2개씩 있는데 1개를 떼어 내더라도 충분히 생존할 수 있습니다. 간은 일부를 잘라 내더라도 알아서 재생하니 걱정 없죠. 하지만 심장 없이 살아갈 수 있는 사람은 세상에 아무도 없어요. 그래서 의사들은 사람과 사람 사이의 심장이식 수술에 선뜻 나설 수 없던 거예요.

이러던 중 1967년 12월 남아프리카공화국 케이프타운에서 흉부외과의사인 크리스티안 바너드(Christiaan N. Barnard)가 세계 최초로 심장이식 수술에 도전해 성공합니다. 자동차 사고로 뇌사에 빠진 20대 여성 데니즈 다벌(Denise Darvall)의 심장을 불치의 심장병 환자인 50대 남성 루이스 와슈캔스키(Louis J. Washkansky)에게 이식한 것이죠. 환자는 장장 9시간의 대수술을 마치고 18일 동안 삶을 이어 가다 결국 폐렴으로 생(生)을 마무리했지만, 그 사건은 '장기이식이 생명을 연장해 주리라'는 희망을 싹틔우는 계기가 됐답니다.

사실 당시엔 뇌사에 관해 뚜렷한 기준이나 정의가 없어서 바너드의 이식수술을 놓고 윤리적 논쟁이 거세게 일었어요. 하지만 이듬해 미국 하버드대에서 뇌사 판정 기준을 마련했고, 세계 여러 나라에서 이를 받아들였죠. 그때 보호자 동의 아래 뇌사자의 장기를 기증하는 제도가 논의되면서 장기이식 기술은 새로운 국면에 들어섰습니다.

아낌없이 주는 돼지의 탄생

장기이식 외에 다른 선택의 여지가 없는 환자라도 모두 이식 수술을 받진 못해요. 미국에선 지금 약 50만 명의 환자가 이식 순서를 기다리고 있죠. 대기 중에 세상을 떠나는 환자가 매년 6,000명이 넘고요. 이런 상황에서 다른 동물의 장기를 사람에게 이식하는 '이종장기이식'(xenotransplantation)이 대안으로 떠올랐어요. 앞서 얘기한 '돼지 심장으로 살다 간 남자' 데이비드 베넷 시니어(David Bennett Sr.)가 바로 그런 사례입니다.

심장의 이종장기이식이 처음 이뤄졌을 때는 결과가 좋지 않았습니다. 인간의 몸속 항체가 다른 동물의 심장을 침입자로 인식해서 공격했거든요. 면역거부반응이 일어난 것이죠. 1984년 10월 미국 캘리포니아주 로마린다대학의료센터에선 심각한 심장 결함을 지닌 채 태어난 아기 '베이비 페이'(Baby Fae)를 살릴 마지막 방법으로 개코원숭이의 심장을 이식하는 수술을 진행했지만, 안타깝게도 면역거부반응이 심하게 나타난 베이비 페이는 끝내 세상을 떠나고 말았답니다.

하지만 2000년대 들어 재조합 DNA 기술이 등장하면서 새로운 가능성이 생겼어요. 과학자들이 '인간의 면역 체계가 거부하는 유전자'를 제거한 미니 돼지를 만들어 낸 거예요.

농촌진흥청이 장기이식용으로 생산한 복제 미니 돼지.

왜 하필 돼지냐고요? 돼지는 장기의 구조와 크기가 사람과 비슷해요. 또 영장류에 비해 사육하기 쉽고, 품종에 따라 6개월이면 성체가 되죠. 이에 과학자들은 유전자를 조작해 성장을 제한하고, 인체에 해로운 균을 없애는 등 장기이식에 최적화한 돼지를 개발했어요. 현재는 무균 미니 돼지의 각막·심장·콩팥·피부 등을 사람에게 이식하기 위한 연구가 진행 중입니다.

물론 이런 일을 모든 사람이 반기지는 않아요. 돼지 장기를 중심으로 한 이종장기이식이 '동물을 하나의 생명이 아닌, 인간을 위한 도구로 여기는 것'이란 시각도 있죠. 미국에 본부를 둔 국제적 동물권 단체인 PETA(페타)는 "동물은 인간이 당장 필요한 물건을 꺼내어 쓰는 도구 창고가 아니라, 복잡하고 지능을 갖춘 존재"라며 베넷의 사례를 비판했습니다. 일각에서는 '이종장기이식 연구를 계속하더라도 동물 생명의 존엄성을 인식하고, 희생을 최소화할 방법을 찾아야 한다'는 의견도 나와요.

치료를 목적으로 만들어지는 동생

한편 아픈 자녀에게 필요한 세포나 장기를 얻기 위해 인공적으로 아이를 낳는 사람도 있어요. 2020년 10월 인도에서는 한 부부가 아픈 아들을 치료하려고 동생을 낳아 골수이식을 시킨 사연이 알려지며 논란이 일었죠.

아브히지트 솔란키(Abhijit Solanki)는 헤모글로빈 수치가 위험할 정도로 낮아져서 잦은 수혈이 필요한 '지중해빈혈'이라는 유전성 질환을 앓았습니다. 이 병을 치료하려면 다른 사람의 골수에서 조혈모세포를 이식받아야 했어요. 하지만 가족 모두 아브히지트와는 조직적합항원이 안 맞아 골수를 이식해 줄 수 없었죠. 수소문 끝에 미국에서 조직이 일치하는 골수를 찾았지만, 1억 원에 달하는 큰 비용과 20~30%의 낮은 성공 확률 탓에 수술을 포기할 수밖에 없었답니다.

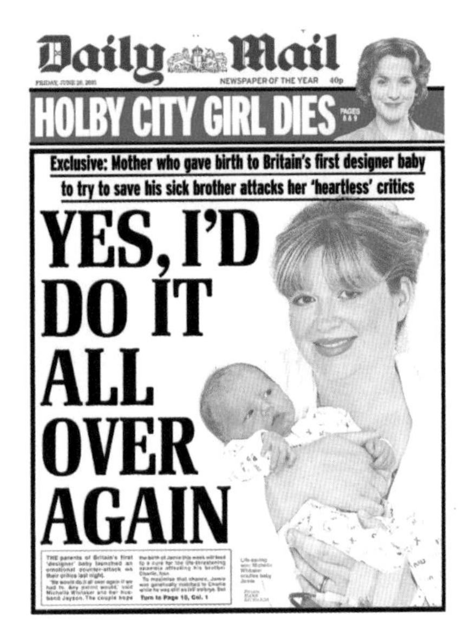

Daily Mail

NEWSPAPER OF THE YEAR 40p

HOLBY CITY GIRL DIES

PAGES 8&9

Exclusive: Mother who gave birth to Britain's first designer baby to try to save his sick brother attacks her 'heartless' critics

YES, I'D DO IT ALL OVER AGAIN

THE parents of Britain's first 'designer' baby launched an emotional counter-attack on their critics last night.

'We would do it all over again if we had to. Any parent would,' said Michelle Whitaker and her husband Jayson. The couple hope the birth of Jamie this week will lead to a cure for the life-threatening anaemia affecting his brother Charlie, four.

To maximise that chance, Jamie was genetically matched to Charlie while he was still an IVF embryo. But

Turn to Page 10, Col. 1

아픈 형제자매에게 줄기세포를 이식해 줄 목적으로, 배아 단계부터 유전자 검사로 선별돼 태어난 '구세주 아기'를 보도한 영국의 신문 기사.

그러던 중 아브히지트의 부모는 '구세주 아기'(savior sibling)라는 존재를 알게 됩니다. 구세주 아기란 '아픈 형제자매에게 자신의 세포·장기를 제공하려는 목적으로 DNA 재조합을 거쳐 태어난 아이'를 가리켜요. 이 방법이 유일한 해결책이라고 생각한 부모는 DNA 재조합을 통해 빈혈을 일으키는 유전자를 제거한 아기를 낳았습니다. 인도에서 탄생한 최초의 맞춤형 아기였죠. 그렇게 세상으로 나온 카비아 솔란카(Kavya Solanka)는 생후 18개월이던 2020년 3월, 오빠 아브히지트에게 골수를 기증하는 수술을 받았어요.

동생의 골수에서 조혈모세포를 이식받은 아브히지트는 고통에서 벗어나 새로운 일상을 누리게 됐지만, 이 사연이 세간에 널리 알려지면서 그의 부모는 비난을 피하지 못했습니다. '아픈 자식에게 적합한 신체 조직을 얻기 위해 아기를 낳는다는 건, 한 생명을 다른 생명을 살리는 도구로 보는 행위'라는 비판이 이들 부모에게로 향했죠.

게다가 DNA 재조합을 거쳐 태어난 아이는 앞으로 건강 문제를 겪을 확률이 높아요. 이에 전문가들은 '의학 기술의 혜택과 아동 인권을 종합적으로 고려해서 맞춤형 아기에 대한 규제책을 마련해야 한다'고 목소리를 높입니다.

3D 바이오프린터, 장기를 인쇄하다

다른 동물이나 사람의 장기를 이식받는 일에 그토록 복잡한 윤리적 문제가 도사린다고 하니, 필요한 장기를 직접 만들어 쓰면 어떨까요? 이렇게 하면 더는 장기이식 대기 순서를 기다리지 않아도 되고, 다른 생명을 희생할 이유도 없지 않을까요?

최근 과학계에서는 3D프린터(3D printer)를 이용한 인공장기 제작 기술을 활발히 연구하고 있습니다. '3D프린터'란 디지털 설계도에 따라 금속·세라믹·종이·콘크리트·플라스틱 등의 재료를 활용해 3차원 물체를 만들어 내는 기계장치죠.

2019년 8월 미국 웨이크포레스트재생의학연구소에서 3D 바이오프린터를 이용해 만든 귀(왼쪽)와 코(오른쪽). 환자의 세포를 배양한 바이오잉크를 사용했다.

그런 장치로 신체 조직과 장기를 제작해 사람 몸에 이식하는 기술을 '3D 바이오프린팅'(3D bioprinting)이라고 불러요. 3D 바이오프린팅에서 잉크 역할을 하는 물질은 일반적인 3D 프린팅 재료와 완전히 다릅니다. 환자에게서 채취한 세포를 배양해 만든, 특별한 바이오잉크(bio-ink)를 쓰거든요. 3D 바이오프린팅은 환자 본인의 세포로 장기를 제작하므로 이식 시 부작용 위험이 적으며, 개개인에게 딱 맞는 맞춤형 장기를 만들 수 있어요.

이 기술은 2008년 일본의 생체의공학자인 나카무라 마코토[中村真人]가 개발했답니다. 그는 '잉크젯프린터에서 가늘게 분사하는 입자의 크기가 사람의 세포 크기와 비슷하다'는 사실에 착안해

3D 바이오프린터를 제작했죠. 이후 2016년 미국에선 3D 바이오프린터로 만든 인공 귀를 쥐의 턱에 이식하는 데 성공했고, 2019년 이스라엘 연구진은 사람 세포를 이용해 토끼 심장 크기의 인공심장을 출력하기에 이르렀습니다.

인공장기 시대가 펼쳐질 미래

앞으로 3D 바이오프린팅을 통한 장기 생산이 상용화한다면 우리 삶은 어떻게 달라질까요? 지금까진 노년에 은퇴해서 여생을 느긋이 보내는 것을 자연스럽다고 여기지만, 장기이식이 활성화하며 건강수명이 늘어난 미래엔 '노인'의 개념부터 바뀔 수 있어요. 나이가 들어서 병을 얻어도 장기를 새것으로 교체하면 젊은이와 비슷한 신체 능력을 갖출 수 있으니까요.

심지어 미래세대는 자신의 취향이나 필요에 따라 신체 일부를 갈아 끼우며 살아갈지도 모릅니다. 지나친 흡연으로 허파 기능이 망가진 사람은 인공폐를 이식받고, 음주를 즐기는 사람은 알코올 분해 능력이 좋은 간을 이식받겠죠. 키가 작게 태어난 사람이 기다란 팔다리를 통째로 이식받는가 하면, 눈의 홍채 색깔이 마음에 들지 않아 안구 전체를 교환하는 사람도 있을 거예요.

그런데 이처럼 마음대로 장기를 바꾸고 신체 기능을 강화하며 생명 연장을 꿈꾸는 순간, 물질만능주의도 마구 번창합니다. '돈만 쓰면 뭐든지 된다'는 식의 사고방식이 우리를 지배할 수 있다는 의미죠. 생명을 잃고 얻는 게 자연의 섭리가 아닌 인간의 재력으로 결정되면 사회갈등도 심화할 수 있고요. 장기이식 기술이 우리 삶에 독(毒)이 아닌 득(得)이 되도록, 적절한 규제와 윤리적인 활용법을 함께 고민해 봅시다.

☆ 5 ☆

두 번째 삶을 향한 꿈, 냉동 인간

암으로 숨진 아내를 얼리다

2021년 7월, 한국인 남성 A 씨는 항암 치료 중에 사망한 아내를 냉동하기로 했어요. 몸에서 혈액을 모조리 빼낸 뒤 보존액을 채워 넣어서 시신의 부패를 방지하는 기술이 국내에선 최초로 시도된 것이죠. 앞으로 A 씨 아내의 시신은 영하 196°C로 유지되는 탱크에 고이 보관될 예정입니다. 최근 들어 시신 동결 서비스를 제공하는 전문 업체가 속속 등장하고 있습니다. 서비스 이용료는 1억~3억 원에 달한다고 하죠. 이처럼 큰돈을 들여 동결한 시신을 미래에 해동했을 때 고인이 되살아날지는 아무도 몰라요. 하지만 의뢰인들은 그런 희박한 가능성에라도 기대를 겁니다. 과연 냉동보존 기술은 질병과 수명이라는 한계로부터 인류를 구원할 수 있을까요?

다음 생을 기약하는 사람들

1962년 미국의 물리학·수학 강사이던 로버트 에팅어(Robert C. W. Ettinger)는 스스로 펴낸 『불멸의 전망』*The Prospect of Immortality*을 통해 아주 파격적인 주장을 펼칩니다. 미래 과학기술을 활용한다면 사망 후 냉동보존 상태의 사람을 다시 살려 낼 수 있을 것이라는 주장이었죠.

'냉동보존'(cryonics)이란 미래에 소생 기술이 만들어질 것이라는 점을 전제로, 인체를 꽁꽁 얼려 보관하는 기술이에요. 신체 조직이 상하지 않도록 특수 처리 과정을 거친 인체를 매우 낮은 온도로 냉동해 오랜 기간 보존하려는 겁니다. 죽은 몸을 되살려 낼 놀라운 미래의 기술을 기다리면서요.

줄기세포 의약품의 개발과 생산에도 활용되는 냉동보존 기술.

에팅어의 주장 이후 몇 년이 흐른 1967년, 드디어 세계 최초의 냉동 인간이 탄생합니다. 주인공은 미국 캘리포니아대 버클리(UC Berkeley)의 심리학 교수를 지낸 제임스 베드퍼드(James H. Bedford)였죠. 신장암으로 투병 중이던 그는 시신을 냉동해 달라고 유언했어요. 이에 유족은 사망한 베드퍼드를 냉동 캡슐에다 보존했고요.

그 뒤 냉동 인간에 관해 사람들의 관심이 높아지면서 냉동보존 사업을 펼치는 업체가 하나둘 등장했습니다. 오늘날엔 미국의 알코어생명연장재단(Alcor Life Extension Foundation)과 크라이오닉스인스티튜트(Cryonics Institute), 러시아의 크리오러스(KrioRus)가 세계 3대 냉동보존 업체로 꼽히죠.

지금까지 이들 전문 업체의 냉동보존 서비스를 통해 세계 곳곳에 잠든 냉동 인간은 600여 명이라고 해요. 게다가 앞으로 냉동 인간이 되겠다며 신청한 사람은 3,000여 명에 이른답니다.

냉동보존을 선택한 이들은 현대 의학 기술로 완치할 수 없는 질병에 걸린 사례가 많아요. 그래서 자신이 해동돼 깨어났을 때 미래 의학 기술이 새로운 인생을 열어 주리라는 기대로, 큰돈을 내면서까지 냉동보존 서비스를 이용하는 것이죠. 불치병 환자와 가족들에게 냉동보존은 사망 직전에 붙잡을 수 있는 마지막 희망인 셈입니다.

사람 몸을 온전히 냉동하려면

인체 냉동보존은 어떤 과정으로 이뤄질까요? 일단 환자의 사망이 확인되면 곧바로 냉동보존을 위한 처리 작업을 시작합니다. 의료진은 시신에 얼음을 부어 체온을 영하로 낮추고 몸 전체의 피를 뽑아낸 뒤 동결 방지제를 주입하죠. 왜 피를 전부 뽑는지 궁금하다고요? 인간 몸의 약 70%는 수분이에요. 물은 액체일 때보다 고체 상태, 즉 얼음이 되면 부피가 늘어납니다. 음료수가 가득 찬 병을 냉동고에 넣어 뒀다가 병이 깨져 버린 경험을 다들 해 봤겠죠?

이와 마찬가지로 인체를 그대로 급속 냉동하다가는 세포 내부의 수분이 얼면서 세포막을 다 찢어 버릴 거예요. 한번 찢긴 세포는 저절로 복구되지 않기 때문에 해동하더라도 생물체가 다시 살아나긴 어렵습니다. 이런 문제를 해결하기 위해 몸에서 피를 모두 빼낸 뒤 동결 방지제로 대체하죠. 모든 처리 작업이 끝난 시신은 액체질소를 통해 영하 196°C로 유지되는 냉각 캡슐에 보관돼요. 해당 온도에선 몸을 구성하는 모든 분자가 활동을 멈춰서 시신을 영구히 보존할 수 있습니다.

한편 냉동보존 기술을 이용하면 몸 전체가 아니라 뇌만 부분적으로 얼릴 수도 있어요. 따로 얼려 둔 뇌를 미래에 젊고 건강한 몸으로 이식해, 새로 태어나려는 사람들이 주로 그런 방법을 택합니다. 물론 이는 모두 과학·의학 기술이 앞으로 얼마나 발달하는지에 달린 일이겠지만요.

자고 일어나면 다른 행성? 인공동면의 현재

냉동보존과 비슷한 기술로 '인공동면'도 있습니다. SF영화엔 우주비행선의 탑승객들이 동면 유지 장치 안에서 잠든 상태로 다른 행성까지 이동하는 장면이 종종 등장하죠.

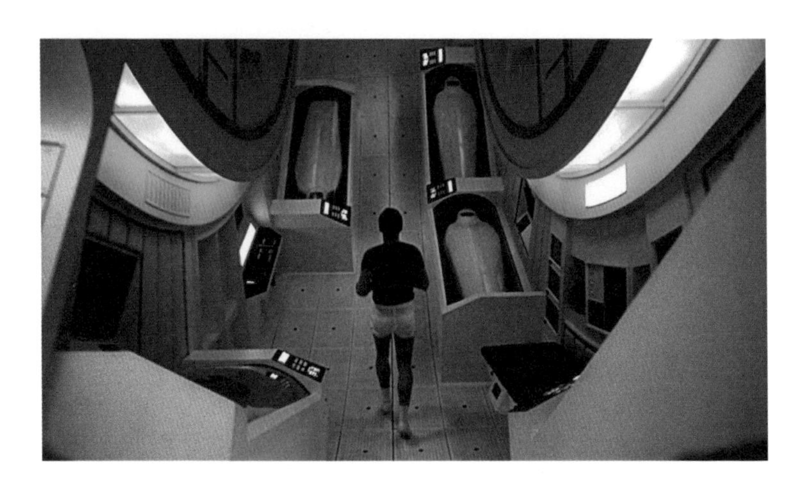

1968년 제작된 SF영화 〈2001 스페이스 오디세이〉에 등장한 인공동면 장치.

왜 우주비행선에서 겨울잠이 필요할까요? 개구리·곰·박쥐 등 일부 동물은 에너지를 절약하기 위해 겨울잠을 잡니다. 겨울엔 기온이 내려가고, 먹이를 구하기 힘들어 생존이 어려워지기 때문에 차라리 잠이라도 자려는 것이죠. 잠들면 체온이 떨어지고 호흡수도 줄어서 깨어 있을 때보다 에너지 소모가 훨씬 적거든요.

인간의 인공동면 역시 신체를 최소한의 에너지만 소비하는 상태로 유지하려는 목적입니다. 우주공간을 여행하려면 시간과 사투를 벌여야 하죠. 동면 상태가 되면 제한된 식량자원으로도 생존할 수 있고, 노화가 늦춰져서 기나긴 비행시간을 버틸 수 있어요.

오늘날 인공동면 기술은 영화에서처럼 우주여행에 쓰일 수준은 아니지만, 뇌·심장 등의 수술 과정엔 벌써 활용되고 있습니다.

인위적으로 체온을 낮춰 신체의 에너지 소모량을 줄이면, 산소소비량은 물론이고 외부 자극에 대한 스트레스도 줄어들어 수술받기에 좋은 상태가 되거든요. 그러나 이런 '저체온요법'의 유지 기간은 길어도 사흘 정도입니다. 한마디로 인공동면이라고 부르기에는 아직 부족한 실정이죠.

2020년 6월 일본 연구진은 쥐의 뇌를 약물로 자극해서 인위적으로 겨울잠에 빠지게 하는 실험에 성공했어요. 37°C였던 쥐의 체온은 약물을 투여하자 곧 24°C까지 떨어져 일주일 가까이 겨울잠 상태로 유지됐고, 약물 공급을 중단하니 원래 체온으로 돌아왔죠. 만일 해당 연구가 인간에게도 성공적으로 적용된다면, 인공동면 기술은 의료 분야엔 물론이고 영화에서처럼 인류의 우주 진출에도 쓰일 수 있을 거예요.

캡슐 속 냉동 인간은 깨어날 수 있을까?

다시 냉동보존 기술로 돌아가 보겠습니다. 그런데 얼려 둔 인간을 녹여서 되살리는 일이 정말 과학적으로 가능할까요? 일부 전문가는 '냉동보존 기술의 활용에 더 신중한 태도가 필요하다'고 당부합니다. 동물실험도 안 끝난 기술로 사람을 냉동하는 건 무모한 일이라면서요. 얼릴 수 있지만 제대로 녹일 순 없다면 아무래도 곤란하겠죠.

냉동보존 기술의 핵심은 '완전한 회복'에 있어요. 앞서 말했듯 동결 방지제를 사용해 기술적으로 신체를 온전히 보존할 수 있게 됐지만, 냉동 인간이 미래에 다시 살아나는 건 또 다른 문제입니다. 냉동보존 중에 뇌가 손상되어 더는 기능하지 못할 수 있으니까요.

또한 냉동 인간을 해동하는 과정에서 표면과 내부의 온도가 달라질 것이란 우려도 나옵니다. 냉동고에 얼려 뒀던 고기를 구울 때 속은 안 익었는데 겉이 바싹 타 버리는 것처럼, 냉동 인간을 해동할 때도 장기는 제대로 녹지 않고 몸의 표면이 손상될 수 있죠.

이런 까닭에 첫 번째 냉동 인간이 탄생하고 50여 년이 지난 지금까지, 냉동 인간을 해동해서 되살리려는 시도가 단 한 차례도 없었던 거예요. 현재로선 신체 조직의 손상 없이 냉동 인간을 부활시키는 일이 불가능하기 때문입니다.

냉동보존 기술의 활용과 전망

캡슐 속 냉동 인간들은 불치병의 치료 방법뿐만 아니라 해동 기술 역시 기다리고 있는 셈이지만, 냉동보존 기술의 미래가 그저

막연한 것만은 아닙니다. 세포를 동결하고 다시 해동해서 살려 내는 기술은 이미 상용화했기 때문이죠. 크기가 작은 세포는 얼렸다 녹이는 과정에서 내외부의 온도 차이가 거의 발생하지 않아 비교적 간단히 냉동보존을 진행할 수 있어요.

대표적인 예가 바로 정자와 난자의 냉동보존입니다. 앞서 살폈다시피 과거엔 주로 방사선요법이나 항암 치료 등에서 정자와 난자가 손상되는 일을 막고자 냉동보존을 선택했지만, 최근엔 출산 연령이 높아지며 건강한 난자를 미리 동결해 두려는 여성과 난임 치료를 위해 병원을 찾는 환자들이 정자·난자·수정란을 냉동 보관하는 사례가 늘었습니다. 심지어 국내 연구진은 냉동한 지 10년 된 정자와 난자로 인공수정에 성공한 바 있죠.

지금 과학자들은 이식용 장기의 냉동보존을 다음 목표로 삼고 있답니다. 심장·콩팥·허파 등의 장기가 체외에서 기능을 유지하는 기간은 4~8시간에 불과하므로, 당장 이식이 필요한 환자가 있어도 이식 가능 시간을 놓쳐 폐기되는 장기만 60%에 이르거든요. 현재 사람 피부와 돼지의 혈관·심장판막, 토끼의 뇌는 냉동보존과 해동 실험에 모두 성공한 상황이죠. 정자와 난자 같은 작은 세포에서 실현된 냉동보존·해동 기술이 커다란 장기에도 차차 성공적으로 적용된다면, 가까운 미래엔 냉동 인간의 온전한 해동 또한 가능해지지 않을까요?

해동 이후 닥쳐올 숙제

그런데 냉동보존 기술에 질병 극복과 수명 연장이라는 희망적인 면만 있는 것도 아닙니다. 미래 기술로 냉동 인간이 깨어난다면, 해결해야 할 문제가 오히려 더 많죠. 우선 병원체에 관한 문제가 있어요. 냉동 인간의 몸에 있던 바이러스·세균이 해동되어 미래 사회로 퍼진다면 어떤 영향을 끼칠지 아무도 모릅니다. 녹아내린 영구동토의 순록 사체에서 나온 탄저균으로 주변의 수많은 동물이 떼죽음한 사례가 인간 사회에서도 일어날 수 있죠.

냉동 인간이 깨어나면서 발생할 법적·윤리적 문제 역시 외면할 수 없어요. 먼저 가족관계에 혼란이 찾아올 우려가 큽니다. 냉동보존을 처음 제안한 로버트 에팅어는 첫 번째 아내와 두 번째 아내가 죽자 두 사람을 모두 얼렸고, 본인도 사망 직후 냉동됐답니다. 만약 이 세 사람이 해동돼 소생한다면, 에팅어는 배우자가 2명인 복잡한 처지에 놓이죠. 그 밖에도 문화와 환경이 아주 바뀐 세상에서 깨어난 냉동 인간이 겪을 심리적 문제, 법적으로 사망 처리된 냉동 인간의 재산 처분 문제도 해결해야 할 과제로 꼽혀요.

무엇보다 우리는 냉동보존 기술로 얻을 영원한 삶과 건강이 부자들만의 특권이 될 수 있다는 점을 경계해야 합니다. 생명의 유한함이란 모든 이에게 공평한 것인데, 냉동 인간의 온전한 부활이 실현된다면 냉동보존 처리와 유지에 드는 막대한 비용을 감당할 만한 사람들만 예외적으로 영생을 누릴 테니까요. 돈으로 다음 생을 구매하는 행위가 과연 윤리적으로 옳은지 또한 생각해 봐야겠죠. 냉동보존이라는 강력하고도 유혹적인 기술을 맹목적으로 이용하기보단, 과학기술의 발전에 발맞춘 사회적 인식과 제도가 먼저 마련돼야 할 겁니다.

골수 뼈 중심부에 가득 찬 연한 물질. 백혈구와 적혈구를 만든다.

뇌사 뇌줄기를 비롯한 뇌의 기능이 완전히 멈춰서 본디 상태로 되돌아가지 않는 상태.

매독 세균성 감염병의 하나. 태아기에 감염되는 선천적인 경우와 성행위로 옮는 후천적인 경우가 있다. 음부 궤양에서 시작해 피부발진, 염증성 종양, 신경계 손상 등이 발생한다.

배양 인공적인 환경을 만들어 동식물의 세포·조직 일부나 미생물 등을 가꿔 기름.

병원체 병의 원인이 되는 본체. 기생생물·리케차·바이러스·세균 등이 있다.

심장판막 심장의 수축·이완에 따라 닫히고 열려서 혈액이 거꾸로 흐르는 것을 막는 막.

액체질소 압력을 가해 액화한 질소. 무색의 액체로, 독성이 없으며 냉매로 쓴다.

mRNA DNA의 유전정보를 리보솜으로 전달하는 역할을 맡는 전령 RNA. 전달된 유전정보를 바탕으로 리보솜에서 단백질을 합성한다.

영구동토 지층 온도가 0℃ 이하로 늘 얼어 있는 땅. 전체 육지 면적의 20~25%를 차지하며 한대기후에 해당하는 그린란드, 남북양극 권내, 시베리아, 알래스카, 캐나다 등지에서 볼 수 있다.

유전자	생물체의 유전형질을 발현시키는 원인이 되는 인자. 염색체 가운데 일정한 순서로 배열돼 생식세포를 통해 어버이로부터 자손에게 유전정보를 전달한다.
유정란	난생동물의 암컷 체내에서 난자와 정자가 만나 수정된 알. 부화해서 새끼로 자랄 수 있다.
인공수정	인위적으로 채취한 수컷의 정액을 암컷의 생식기에 주입해 수정시키는 일.
천연두	바이러스성 법정감염병의 하나. 열이 몹시 나고 온몸에 발진이 생기며, 딱지가 저절로 떨어지기 전에 긁으면 자국이 남는다. 감염력이 매우 강하며 사망률도 높으나, 최근 예방주사의 발전으로 연구용으로만 그 존재가 남아 있다.
콜레라	콜레라균 때문에 일어나는 소화계 감염병. 급성 법정감염병의 하나로 심한 구토와 설사에 따른 탈수증상, 근육경련 등을 일으키며 사망률이 높다.
탄저균	탄저병의 병원균. 가축에게 질병을 일으키고 사람에겐 패혈증을 일으킨다.
파킨슨병	몸과 사지가 떨리고 경직되는 중추신경계 퇴행병. 머리를 앞으로 내밀고 몸통과 무릎이 굽은 자세와 작은 보폭의 독특한 보행을 보이며, 얼굴이 가면 같은 표정으로 바뀐다.
포도상구균	공 모양의 세포가 불규칙하게 모여 포도송이처럼 된 세균.
항체	항원의 자극으로 생체에서 만들어져 특이하게 항원과 결합하는 단백질.

2부

공존과
공생 사이
아슬아슬
생명과학
기술

☆ 6 ☆

'살아 있는 화석' 투구게가 위험하다

강제 헌혈로 고통받는 투구게

미국의 제약 회사들은 해마다 약 50만 마리의 투구게를 잡았다가 바다로 돌려보낸다고 해요. 제약 회사에서 어마어마한 수의 투구게를 잡아들이는 이유, 또 애써 잡은 투구게를 돌려보내는 까닭은 뭘까요? 바로 투구게의 몸속에서 피를 뽑기 위해서죠. 대체 투구게의 혈액을 어디에 쓰려는 걸까요? 아니, 그보다 먼저 알아야 할 게 있습니다. 투구게는 과연 어떤 생물일까요?

푸른 피를 지닌 살아 있는 화석

여러분은 투구게를 잘 알고 있나요? 이름 때문에 꽃게·대게와 비슷할 것 같지만, 우리가 아는 게와는 다른 생물이죠. 다 자란 투구게의 몸은 길이가 약 60cm이고 머리가슴·배·꼬리로 나뉩니다.

우리나라에선 예전에 군인들이 전투할 때 머리를 보호하려 쓰던 쇠 모자인 '투구'와 닮았다고 해서 '투구게'라는 이름이 붙었습니다. 영어권에선 투구게의 머리가슴 부분이 '말발굽'과 비슷하다고 해서 '호스슈크래브'(horseshoe crab)라 부르죠. 투구게는 주로 한국을 비롯해 일본·중국·타이완 등지의 동아시아, 베트남·말레이시아·인도네시아·필리핀 등지의 동남아시아, 멕시코만을 비롯한 북아메리카 대서양 연안에 서식합니다.

2억 5,000만 년 전에 멸종한 삼엽충의 화석.

생물학적으로 보면 투구게는 게보단 거미·전갈과 가까워요. 또 성체가 되기 전의 모습은 고생대를 대표하는 생물인 삼엽충과 닮았죠. 하지만 멸종해서 화석으로나 접할 수 있는 삼엽충과 달리 투구게는 무려 4억 5,000년 동안 살아남았습니다. 이 때문에 '살아 있는 화석'이라는 별명으로 불려요.

독특한 생김새로 오랜 세월 살아남았다는 사실도 신기하지만, 투구게의 가장 특별한 점은 푸른 피를 지닌 신비로운 생물이라는 겁니다. 영화에 나오는 외계인도 아니고 푸른 피가 흐르는 생물이 있다니 정말 놀랍죠?

그런데 투구게의 피는 왜 푸른색일까요? 사람을 비롯한 포유류의 혈액이 붉은 까닭은 핏속의 헤모글로빈 때문입니다. 헤모글로빈에 포함된 철 이온은 산소와 만나면 붉게 변하죠. 하지만 투구게의 핏속에는 헤모글로빈이 아니라 헤모시아닌이 들었어요. 헤모시아닌엔 구리 이온이 있는데, 구리는 산소와 만나면 푸른색을 띱니다. 투구게의 피가 푸른 이유를 이제 알겠죠? 마찬가지 이유로 달팽이·문어·조개 같은 연체동물과 거미·게·바닷가재 같은 절지동물의 피도 푸르답니다.

특별한 면역 체계를 갖춘 투구게

투구게의 피는 색깔만 특이한 게 아니에요. 1950년대 미국 존스홉킨스대의 의학 연구원이던 프레드 뱅(Fred Bang)은 투구게의 푸른 피를 이용해 연구를 진행했습니다. 그 과정에서 연구 대상이던 투구게 하나가 세균에 감염돼 피가 굳어 버리고 말았죠.

처음에 뱅은 이 투구게가 피 굳는 병에 걸렸다고 생각했대요. 하지만 동료 잭 레빈(Jack Levin)과 함께 계속 연구한 결과, 피가 굳는 현상은 이상한 질병이 아니라 병원균과 싸우는 투구게의 특별한 면역 체계 때문임을 알게 됐습니다.

우리 몸속 혈액에는 백혈구가 있어요. 백혈구는 경찰·군인의 역할을 맡죠. 외부에서 들어온 세균 등의 침입자와 싸워서 우리 몸을 지켜 주거든요. 하지만 투구게에게는 이처럼 침입자를 막아 줄 백혈구가 없습니다. 그 대신 인간과는 전혀 다른 방법으로 몸을 보호하죠. 내독소·세균이 몸속에 들어오면, 여기에 노출된 주변의 피가 젤리처럼 굳어서 감염 확산을 막아 내는 방식이에요.

세상에서 제일 비싼 피

자, 지금부터 미국의 제약 회사들이 투구게의 피를 이용해 뭘 하는지 알아볼까요? 프레드 뱅의 동료인 잭 레빈은 대서양투구게의 핏속에 든 'LAL'(Limulus Amebocyte Lysate)이라는 물질이 일부 세균의 내독소와 반응해서 피를 굳게 한다는 사실을 알아냈습니다. 그리고 투구게의 피에서 분리한 LAL을 활용해 내독소의 존재 여부를 확인하는 검사법을 개발했죠.

LAL은 내독소에 매우 민감하게 반응해요. 어떤 물질과 LAL을 만나게 했을 때 응고가 일어난다면, 이 물질엔 내독소가 들었다고 판단할 수 있습니다. 응고하는 양에 따라 내독소에 오염된 정도 또한 가늠할 수 있죠. 그런데 이게 제약 회사랑 무슨 상관이냐고요?

전 세계의 제약 회사는 새로운 약을 개발할 때 원료 등에 내독소가 포함됐는지를 확인해야 합니다. 인체에 들어간 내독소는 고열과 질병을 일으키고, 심하면 사망에 이르게 하기 때문이에요.

내독소는 가열 등의 방법으로는 쉽게 제거할 수 없어요. 그래서 제약 회사들은 내독소가 들었는지를 확인하기 위해 사람과 면역 체계가 비슷한 토끼로 실험했죠. 하지만 이 방식은 결과가 나오기까지 2~3일이 걸리고, 실험을 한 차례 진행하는 데 최소 3마리의 토끼를 희생시켜야 했습니다.

그런데 이때, 45분 만에 내독소 존재 여부를 확인할 LAL 검사법이 개발된 겁니다. 1977년 11월 미국식품의약국(FDA)은 LAL의 의학적 사용을 승인했고요. 그렇다면 이제 제약 회사들이 아주 매력적인 LAL 검사법을 두고서 굳이 토끼 실험만을 고집할 필요가 없겠죠? 결국 투구게의 피는 세상에서 가장 비싼 액체로 떠올랐어요. 현재 거래되는 투구게 피는 1L에 2,000만 원이 넘는다고 해요.

피 뽑히는 투구게, 멸종 위기에 놓이다

LAL 검사법은 제약 회사는 물론이고 병원·연구실 등 내독소 감염 여부를 확인해야 하는 다양한 곳에서 활용됩니다. 그에 따라 투구게 개체수가 크게 줄어드는 문제가 생겼죠. 2016년 2월 국제자연보전연맹(IUCN)은 대서양투구게가 취약(Vulnerable, 야생에서 절멸 위기에 처할 가능성이 큼) 상태라고 발표했어요. 30년 전만 해도 개체수가 꽤 많았는데, 이젠 상황이 달라졌습니다. 무려 4억 5,000만 년의 세월을 살아온 투구게가 바로 인간 때문에 절멸 위기를 맞게 됐으니까요.

전 세계에서 투구게 혈액을 가장 많이 쓰는 미국의 제약 회사들은 '30% 정도의 채혈은 투구게의 생명에 지장을 주지 않는다'고 판단해요. 하지만 피 뽑히는 과정에서 10~15%의 투구게가 목숨을 잃습니다.

한편 무사히 살아남아 바다로 돌아간 투구게 가운데 약 20%는 채혈에 따른 스트레스 탓에 일찍 죽는 것으로 알려졌어요. 또한 강제로 피를 뽑힌 암컷 투구게는 번식력이 떨어져서 알을 제대로 못 낳는다고 하죠. 안 그래도 지구온난화 때문에 서식지가 줄어드는 마당인데, 일부 지역에선 농사에 필요한 비료 용도나 낚시용 미끼로 투구게를 마구 잡아들이면서 개체수 감소에 꾸준히 영향을 주고 있답니다.

하지만 오늘날, 무엇보다 투구게를 가장 위협하는 존재가 있습니다. 바로 코로나19예요. 혹시 투구게도 인간처럼 코로나19에 감염되냐고요?

해 질 녘 미국 매사추세츠주 코드곶의 대서양투구게.

그게 아니라, 지구를 혼란에 빠뜨린 코로나19의 백신을 생산하는 데 투구게 혈액을 이용한 LAL 검사법이 쓰이기 때문이에요. 전 세계의 제약 회사가 경쟁적으로 코로나19 백신 개발에 집중하면서 이미 엄청난 양의 투구게 피가 사용됐습니다. 개발이 끝난 백신을 대량 생산하는 과정에서도 다시 어마어마한 양의 투구게 혈액이 뽑혔고요.

투구게를 지킬 방법은 없을까?

코로나19를 비롯한 질병으로부터 인간을 보호하려면 투구게의 희생은 불가피한 걸까요? 다행히도 해결책이 있습니다. 과학자들이 유전자재조합기술을 활용해 투구게 피의 대체 물질을 개발했거든요. 투구게 유전자를 미생물에 끼워 넣어서 미생물이 투구게의 혈액을 대신 만들어 내도록 한 것이죠. 일종의 인공 투구게 피인 셈이에요.

일부 미생물은 살기 좋은 환경에서 20분 만에 개체수가 2배로 불어나는 특성이 있는 만큼, 짧은 시간에 많은 양의 대체 물질을 생산하리라고 기대됩니다. 그렇게 된다면 투구게를 잡아서 강제로 채혈하지 않아도 되겠죠.

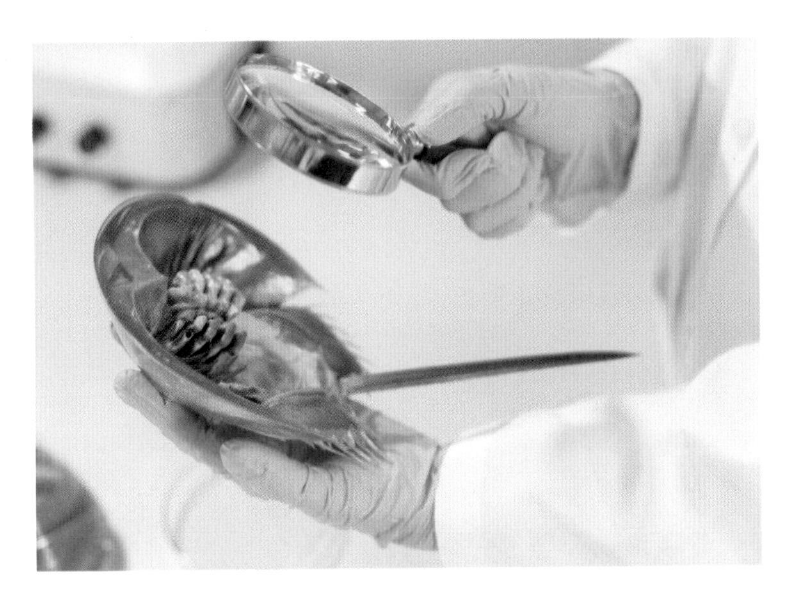

매년 포획되는 투구게는 50만 마리. 잡히면 72시간에 걸쳐 피를 뽑힌다.

하지만 안타깝게도 대체 물질은 미국식품의약국의 승인을 못 얻었어요. 미국식품의약국은 '대체 물질을 이용한 검사법이 아직 완전하지 않으며 더 많은 연구가 필요하다'고 판단했습니다. 한편 유럽에선 대체 물질을 이용한 검사법이 승인되어 활용 중이에요. 이에 동물보호 단체들은 '미국에서도 대체 물질 검사법이 승인돼야 한다'며 목소리를 높이고 있답니다.

☆ 7 ☆

마스카라와 샴푸에 얼룩진 동물의 눈물

실험실 토끼들에게 무슨 일이?

2012년 7월, 유튜브에 올라온 7분 43초짜리 동영상이 많은 사람에게 충격을 주며 사회적 파장을 일으켰습니다. 그 동영상은 동물실험 반대 활동을 펼치는 국제단체인 크루얼티프리인터내셔널이 게시한 것이었죠. 동영상엔 토끼 여러 마리가 머리만 내놓은 채로 좁은 상자에 갇혀서 옴짝달싹 못 하는 모습이 담겨 있었어요. 이내 실험복을 입은 사람이 다가오더니 토끼 몸에 정체불명의 물질을 주사했고요. 똑같은 처지에 놓였는데도 서로 얼굴을 정성스레 핥아 주는 토끼들의 모습을 보며 시청자들은 무척 안타까워했답니다. 대체 토끼들에게는 무슨 일이 있었던 걸까요?

토끼가 화장품을 바른다고? 그것도 강제로!

마스카라·아이라이너 등을 광고할 때, 화장품 회사들은 제품이 눈에 들어가도 안전하다고 강조합니다. 이들은 화장품의 화학 성분이 인체에 해가 없다는 사실을 어떻게 알아냈을까요? 안전성이 확인되지 않은 물질을 사람에게 발라서 실험해 볼 수는 없겠죠. 그래서 화장품 회사들은 눈의 구조나 면역 체계가 사람과 비슷한 동물에게 대신 화학물질을 발랐습니다.

대표적인 예로 한 화장품 회사는 신제품의 유해성 검사를 위해 토끼에게 3,000회가량 마스카라를 바르는 실험을 진행했어요. 이게 바로 1944년 미국의 동물학자 존 드레이즈(John H. Draize)가 개발한 '드레이즈 시험'(Draize test)이에요.

감금된 채로 드레이즈 시험을 기다리는 토끼들.

드레이즈 시험은 토끼를 움직이지 못하게 고정한 뒤 마취도 없이 화학물질을 주입하는 방식으로 이뤄집니다. 마스카라·샴푸 등 우리가 쓰는 생활용품에 위험성이 있는지를 알아보려는 목적으로 고안된 시험법이죠.

그런데 왜 하필이면 토끼가 실험 대상일까요? 이는 토끼가 다른 동물보다 눈물양이 적으며, 눈을 깜빡거리는 빈도 또한 낮아 실험에 편리하기 때문입니다. 하지만 실험 과정에서 화학물질 탓에 염증이 생긴 토끼가 피 눈물을 흘리거나 시력을 잃기도 했고, 고통에 발버둥 치다 목뼈와 척추를 다쳐서 죽는 일도 많았어요. 살아남더라도 쓸모를 다한 토끼는 대개 안락사당했고요.

온순하고 사람을 잘 따라서 생겨난 비극

토끼 말고도 우리가 잘 아는 견종인 비글 역시 각종 동물실험에 희생돼요. 샴푸의 품질과 안전성을 검사하는 동물실험이 대표적이죠. 끊임없이 얼굴과 몸에 샴푸 칠을 당하는 비글들은 화학물질의 독성으로 끝내 시력을 잃곤 합니다.

그런데 왜 다른 견종도 아니고 비글을 실험에 이용하냐고요? 대체로 비글은 개체 간 형질 차이가 크지 않은 데다 환경 적응 능력이 좋으며, 성격이 순해서 사람을 안 가리고 잘 따르거든요. 이 때문에 '해마다 국내에서 동물실험에 쓰이는 약 1만 마리의 개 가운데 무려 94%가 비글'이라는 주장도 있습니다.

인간을 위한 실험에 동물이 희생당하는 분야는 화장품뿐만이 아니에요. 미국 일간지 《뉴욕 타임스》*The New York Times*는 2018년 1월 25일 자 기사로 '2014년 독일의 자동차 제조업체가 밀폐된 방에 원숭이 10마리를 가둬 놓고서 배출가스를 맡게 하는 실험을 진행하도록 했다'고 보도했죠.

해당 실험은 신형 디젤차가 기존보다 더 적게 배출가스를 내뿜어 건강에 영향을 덜 준다는 점을 밝히려는 목적으로 이뤄졌다고 해요. 그러나 이는 실험실에서만 배기가스를 훨씬 적게 내뿜도록 조작한 것임이 나중에 밝혀졌습니다.

견종 가운데 동물실험에 가장 많이 쓰이는 비글.

동물실험은 최근만의 일도 아닙니다. 우리에게 '파블로프의 개 실험'으로 잘 알려진 러시아의 생화학자 이반 파블로프(Ivan P. Pavlov)는 '개에게 먹이를 줄 때마다 특정한 자극을 주면, 나중엔 자극만 줘도 개가 침을 흘린다'는 조건반사 현상을 밝혀내 명성을 얻었죠. 하지만 그 결과를 얻기 위한 실험 과정이 얼마나 잔인했는지는 잘 알려지지 않았어요.

1890년대에 진행된 파블로프의 실험은 살아 있는 개의 턱에다가 구멍을 낸 뒤, 호스를 꽂아서 흘러나온 침의 양을 측정하는 방식이었습니다. 실험을 마친 개는 당연히도 정상적으로 살아갈 수 없었을 테죠.

인간에게만 유용한 동물실험, 왜 계속할까?

산업화 이후 동물은 인간과 함께 살아가는 생명체로서 존중받기보단, 자원이자 이용 대상으로 취급됐어요. 그 결과 실험을 위해 희생되는 동물의 수가 빠르게 늘어났습니다. 해마다 우리나라에서 500만 마리, 전 세계에선 1억 마리에 달하는 동물이 인간을 위한 실험에 쓰여요.

동물 학대 논란이 일지만, 동물실험은 인간에게 발생할 위험을 미리 알려 준다는 점에서 여전히 필수적인 과정으로 여겨져요. 특히 인간의 생명과 밀접한 신약 개발 등 의약 분야에서는 더더욱 중시되죠. 인간과 유전자 구조가 비슷한 쥐·침팬지를 대상으로 신약을 실험하면, 이 약이 사람에게 어떤 영향을 끼칠지 간접적으로 알아낼 수 있으니까요.

동물실험이 알려 주지 않는 것들

그런데 일각에선 동물이 받는 고통에 비해 동물실험의 성과가 크지 않다는 의견도 나옵니다. 수많은 동물의 희생으로 얻은 실험 결과가 사람에게는 똑같이 안 나타날 수 있기 때문이죠.

이는 '탈리도마이드(thalidomide) 부작용 사건'만 봐도 잘 알 수 있어요. 탈리도마이드는 1957년 10월에 일반의약품으로 판매를 시작한 진정제로, 입덧을 완화하는 효과가 있어 유럽과 오스트레일리아·일본 등지에서 수많은 임신부가 사용했습니다. 해당 약품이 쥐를 이용한 실험에서 독성을 띠지 않아, 사람에게도 안전하다고 판단해 시판한 것이죠. 그러나 이 약을 먹은 산모에게서 선천적으로 팔다리가 아예 없거나 매우 짧은 신생아가 태어나는 사태가 일어났고, 결국 탈리도마이드는 1962년 5월에 판매가 중지됐답니다.

특정 물질에 대한 반응은 사람에 따라서도 종종 다르게 나타나는데, 하물며 동물과 사람에게서 서로 다른 반응이 나오는 건 피할 수 없는 일이에요. 그렇다면 동물의 희생을 줄이면서도 더욱 정확한 정보를 얻어 낼 방법은 없을까요?

한 걸음씩, 동물실험 중단을 향해

오늘날 전문가들은 '불가피하게 동물실험을 진행하더라도 윤리적인 측면을 반드시 고려해야 한다'고 입을 모아 강조해요. 이 때문에 전 세계의 실험실에선 동물 희생을 최소화하기 위한 3R 원칙을 준수해야 하죠.

'3R 원칙'이란 동물실험을 대체할 방법을 찾고(Replacement), 실험에 쓰이는 동물의 개체수를 줄이며(Reduction), 불가피하게 실험하더라도 최대한 동물이 고통받지 않도록 실험의 절차와 과정을 정교히 설계해야 한다(Refinement)는 내용이에요. 우리나라 '동물보호법' 제23조(동물실험의 원칙)에도 3R 원칙이 다음과 같이 상세히 명시되어 있습니다.

> ① 동물실험은 인류의 복지 증진과 동물 생명의 존엄성을 고려하여 실시하여야 한다.
> ② 동물실험을 하려는 경우에는 이를 대체할 수 있는 방법을 우선적으로 고려하여야 한다.
> ③ 동물실험은 실험에 사용하는 동물의 윤리적 취급과 과학적 사용에 관한 지식과 경험을 보유한 자가 시행하여야 하며 필요한 최소한의 동물을 사용하여야 한다.
> ④ 실험동물의 고통이 수반되는 실험은 감각 능력이 낮은 동물을 사용하고 진통·진정·마취제의 사용 등 수의학적 방법에 따라 고통을 덜어 주기 위한 적절한 조치를 하여야 한다.

최근 과학자들은 동물실험을 대체할 다양한 실험방법을 개발하고 있답니다. 숱한 토끼의 희생을 낳은 드레이즈 시험은 도축된

소의 안구를 사용하거나, 부화가 덜 된 유정란에 약물을 떨어뜨리고 혈관 반응을 관찰하는 실험으로 대체되는 중이죠.

과거엔 화장품 원료가 살갗을 얼마나 자극하는지를 알아보려고 기니피그와 토끼의 맨살에 화학약품을 직접 발랐지만, 지금은 인공 배양한 사람 피부 세포를 활용할 수 있습니다. 앞으로 환자 관찰이나 사체 연구, 인간의 세포·조직을 이용한 실험, 컴퓨터 시뮬레이션 등을 적절히 활용한다면 동물실험 없이도 미용과 의약 분야에서 충분한 정보를 얻을 것으로 기대돼요.

동물을 생각하는 착한 소비

그렇다면 동물실험을 최소화하기 위해서 우리는 과연 무엇을 할 수 있을까요? 세계동물보건기구(WOAH)는 사람들에게 '윤리적 소비'를 하라고 권고해요. 상품을 구매할 때 동물실험 여부를 확인하고, 될 수 있으면 이를 거치지 않은 제품을 선택하라는 뜻이죠. 동물실험을 하지 않은 화장품 등엔 일반적으로 'Cruelty-Free'이나 'Not Tested on Animals'이라는 표기가 붙습니다. 그러나 이런 문구들은 완제품 개발 과정에 동물실험을 거치지 않았다는 의미일 뿐, 원료 생산에서까지 동물실험이 배제됐음을 뜻하진 않아요.

동물성 원재료를 전혀 쓰지 않았음을 인증하는 '비건 마크'(왼쪽)와
동물실험을 거치지 않았음을 증명하는 '리핑 버니 마크'(오른쪽).

따라서 우리는 1996년 11월 미국·캐나다 등지의 동물보호 단체 여덟 곳이 연합해 만든 '리핑 버니'(Leaping Bunny)라는 인증마크를 주목할 필요가 있어요. 실험으로 희생되는 대표적 동물인 토끼의 껑충 뛰는 모습을 본뜬 리핑 버니 마크는 '화장품과 생활용품의 완제품 및 원료·합성원료에 동물실험을 하지 않았음'을 인증하는 세계 공용의 표식이죠.

제조업체가 리핑 버니 인증을 얻으려면 제품을 만드는 모든 과정에 동물실험이 일절 이뤄지지 않았음을 증명해야 하고, 앞으로도 그 원칙을 준수하겠다는 서약까지 해야 한답니다. 인증받은 뒤에도 동물보호 단체들의 감시와 감독이 이어지고요.

이제 화장품 관련 동물실험을 법적으로 금지하는 나라도 늘고 있습니다. 유럽연합(EU)은 2004년 9월 화장품 제조 시 동물실험을 금지했으며, 2013년 3월엔 동물실험을 거친 원료가 든 화장품의 수입 및 판매를 전면 금지했어요. 우리나라도 2017년 2월부터 동물실험을 거친 화장품의 유통과 판매를 금지했죠. 그동안 소극적이던 중국 또한 2021년 5월부터 염색약, 자외선 차단제 등을 제외한 일반적인 수입 화장품엔 동물실험 필수 조항을 폐지했답니다.

물론 한순간에 모든 동물실험을 멈추기란 현실적으로 불가능해요. 하지만 이미 대안이 있는데도, 관습과 비용 절감을 핑계로 진행되는 동물실험은 반드시 중단해야 합니다. 인간의 아름다움과 편리만을 위해 다른 생명을 희생하는 일은 사라져야 마땅하죠.

☆ 8 ☆

품종개량, 어디까지 바꿀 것인가

야생 바나나를 지켜라!

2018년 7월, 영국의 과학자들은 아프리카의 섬나라 마다가스카르에서 야생 바나나를 찾았다고 밝혔어요. 야생 바나나의 열매는 단맛이 덜하고 과육에 커다란 씨가 있어서 식용으로 적합하지 않았습니다. 게다가 마다가스카르에는 야생 바나나가 단 5그루만 남아 있었고요. 하지만 과학자들은 이런 야생 바나나가 '바나나 멸종'을 막을 열쇠를 쥐고 있다며, 남은 5그루를 보존하는 데 힘써야 한다고 입을 모았어요. 마트에 널린 게 바나나인데 과학자들은 왜 멸종을 걱정할까요? 또 야생 바나나가 어떻게 멸종을 막을 수 있다는 걸까요?

그 흔한 과일인 바나나가 멸종한다고?

오늘날 세계 바나나 교역량의 95%를 차지하는 품종은 캐번디시입니다. 씨가 없고 단맛과 향이 강하며, 껍질이 얇은 게 캐번디시의 특징이죠. 하지만 현재 캐번디시는 변종 파나마병 탓에 멸종 위기를 맞았어요. 파나마병은 뿌리로 침입한 토양 곰팡이가 바나나를 말려 죽이는 식물 감염병입니다. 고작 곰팡이 때문에 전 세계의 바나나가 멸종한다니 놀랍죠?

씨가 없는 캐번디시는 수확한 뒤 뿌리를 잘라 옮겨 심는 방식으로 번식시켜요. 옮겨 심은 뿌리에서 새 줄기가 자라면 또 열매를 얻을 수 있습니다. 우리가 컴퓨터로 문서를 만들 때 '잘라 내기'와 '붙여 넣기'를 하듯, 바나나 1그루를 계속 복제하는 셈이에요.

수확이 끝난 캐번디시.

이렇게 자란 바나나들은 모두 유전적으로 똑같답니다. 유전자가 다르지 않으니 특정 병원체에 한결같은 반응을 보이죠. 따라서 한 농장에 파나마병이 도는 순간, 해당 농장의 바나나가 전멸할 가능성이 커요. 그런 상황이 여러 나라의 농장에서 동시다발로 일어나면, 생산되는 바나나보다 죽는 바나나가 더 많아져 결국 멸종에 이르고 맙니다.

사실 인류는 파나마병 창궐에 따른 바나나 멸종을 이미 한 차례 겪었어요. 1950년대까지 세계적으로 판매되던 바나나 품종은 그로미셸이었죠. 그로미셸은 맛과 향이 좋을 뿐만 아니라, 껍질이 두꺼워 멍이 쉽게 들지 않아서 운반하기에도 편했습니다. 하지만 파나마병이 대거 퍼지며 그로미셸은 한순간에 거의 사라지고 말았어요. 그때부터 캐번디시가 그로미셸의 대체 품종으로 떠올라 오늘날까지 인기를 누리고 있는데, 변종 파나마병이 세계 곳곳에서 유행하며 이마저도 멸종 위기에 놓였답니다.

품종개량으로 새롭게 태어나는 생물들

바나나 멸종을 막아 낼 가장 효과적인 방법은 변종 파나마병에 끄떡없는 '신품종'을 개발하는 거예요. 앞서 과학자들이 마다가스카르의 야생 바나나에 주목한 까닭은 바로 그 때문이죠. 자연에서 꿋꿋이 살아남은 야생 바나나의 유전자는 병충해에 매우 강한 저항력을 지녔습니다. 이 유전자를 활용해 새로운 바나나 품종을 개발한다면 변종 파나마병도 이겨 낼 수 있어요.

그렇게 생물의 유전적 성질을 인간이 원하는 방향으로 바꿔 신품종을 만들어 내는 일을 '품종개량'이라고 부릅니다. 우리가 먹는 과일과 채소는 대부분 품종개량을 거쳐 탄생했죠. 사람들은 야생식물을 개량해서 먹기 편하도록 씨앗을 없애고, 과육이나 영양성분을 풍부하게 만들었어요. 화훼 산업 분야에서도 품종개량으로 꽃의 크기를 키우거나 다양한 빛깔의 꽃을 개발했습니다.

야생 바나나의 열매.

품종개량에는 여러 가지 방법이 쓰여요. 전통적인 품종개량은 원하는 형질을 지닌 생물들을 선별해 이들 사이에서 자손을 얻고, 그 자손들 가운데 또다시 선별한 개체들로부터 자손을 얻어 번식시키는 방식이죠.

때로는 우연히 발생한 돌연변이를 활용하기도 합니다. 원래 야생 바나나 열매엔 큰 씨가 들어 있는데, 씨 없는 돌연변이 개체가 나오자 이를 증식해서 씨 없는 바나나를 만들어 낸 것처럼요. 최근엔 방사선·화학약품을 이용해 인위적으로 돌연변이를 일으키거나 재조합 DNA 기술로 원하는 생물을 만들어요.

하나의 생물을 개량해 다양한 품종을 얻기도 하는데, 대표적인 사례가 바로 '브라시카올레라케아'*Brassica oleracea*라는 식물입니다. 브라시카올레라케아의 꽃눈과 줄기를 크게 만들어서 얻은 것이

'브로콜리', 줄기 끝의 잎눈을 크게 만든 것이 '양배추', 잎을 크게 만들어서 얻은 것이 '케일'이에요. 브로콜리·양배추·케일은 모두 똑같은 조상에서 나왔다고 믿기 어려울 정도로 생김새가 다르죠. 그처럼 품종개량 작물은 인류에게 더 나은 먹거리를 제공하며 삶의 질을 높이는 데 이바지했습니다.

하지만 품종개량에 밝은 면만 있는 건 아니에요. 자연 상태의 생명체가 번식할 때는 여러 유전자가 끊임없이 섞이는 와중에 변이가 일어나며 유전적 다양성을 확보하죠. 가뭄·질병 등이 발생하면 환경 변화에 취약한 유전자를 지닌 개체는 죽고, 이를 이겨 낸 개체는 살아남아서 종을 보존합니다.

그런데 인간이 원하는 특성을 갖춘 품종만을 대량 생산하면 유전적 다양성을 잃어요. 이는 곧 생명체가 외부 환경 변화에 저항할 능력이 급격히 떨어진다는 의미죠. 결국 바나나 멸종 같은 극단적인 일을 걱정해야 하는 건 품종개량의 어두운 면 때문입니다.

생산을 위해 더 크게, 인형처럼 더 귀엽게

품종개량은 식물뿐 아니라 동물에게도 이뤄져요. 닭·돼지·소 등의 가축이 대표적이죠. 가축 품종을 개량할 때는 우선 새끼 또는 알을 많이 낳는 암컷 개체와, 사료를 적게 먹어도 몸무게가 잘 늘고 육질이 좋은 수컷 개체를 고릅니다. 그 둘을 어버이로 해서 번식시키면 양쪽의 특성을 고루 갖춘 우수한 자손을 얻거든요.

이런 품종개량 과정을 거치며 닭은 먹이를 조금만 먹어도 금세 덩치가 커지도록 개량됐습니다. 돼지는 새끼를 많이 낳고, 성장이 빠르며, 육질이 좋게 바뀌었죠. 소는 재래종보다 우유를 더 많이 생산하게 됐고요.

'좋은' 유전자를 지닌 동물 한두 마리에게서는 최대 수천 마리의 새끼를 얻을 수 있어요. 그렇다 보니 품종개량 작물과 마찬가지로 품종개량 가축들은 유전자와 면역 체계가 비슷해져서 감염병에 취약한 상태가 됐죠. 인류는 고기를 더 많이 얻기 위해 집약적 축산을 시도했는데, 이에 따라 안 그래도 질병에 취약한 품종개량 가축들에게 감염병이 퍼지는 건 시간문제가 되어 버렸답니다.

한편 품종개량은 반려동물 시장에도 손을 뻗었습니다. 사람들에게 수요가 많은 귀여운 외모의 반려동물을 품종개량으로 생산한 거예요. 돌연변이 고양이를 번식시켜 만든 품종인 스코티시폴드는 두 귀가 접혀서 귀엽고 순한 인상을 줍니다. 하지만 스코티시폴드의 귀가 접힌 이유는 선천적으로 연골이 제대로 발달하지 않아 두 귀를 못 지탱하기 때문이죠. '골연골이형성증'이라는 유전성 질환이 그 원인이고요.

다른 고양이 품종인 먼치킨 역시 돌연변이 개체를 번식시킨 것인데, 이들은 다리가 짧고 허리가 길어서 앙증맞은 모습이에요. 그러나 먼치킨은 짧은 다리 탓에 관절에 쉽게 무리가 가고, 긴 허리 때문에 척추가 휘는 병에 걸릴 위험이 있습니다.

개 품종인 불도그는 원래 17세기부터 황소와 싸우는 폭력적인 스포츠를 위해 사육되던 크고 늠름한 투견이었어요. 이후 동물 학대 논란이 일며 투견 경기가 금지되자 사람들은 불도그를 집 안에서 반려동물로 키우려고 품종개량을 통해 몸집을 작게 만들었죠. 그 과정에서 코가 너무 납작해지고 짧아진 불도그는 숨을 잘 쉬지 못하게 됐습니다. 또 작아진 체구에 비해 머리가 커서 새끼를 낳을 때는 제왕절개수술을 해야만 하고요.

오랜 세월 동물은 주변 환경에 스스로 적응하며 생존에 적합한 형태로 변화했답니다. 하지만 인간은 원하는 외모의 반려동물을 얻기 위해 동물의 습성이나 신체적 특징 등을 고려하지 않은 채 근친교배를 일삼고 있죠.

순수 혈통을 얻고자 비슷한 유전자를 지닌 가까운 개체끼리 교배를 반복하면, 높은 확률로 유전성 질환이 발병하거나 선천적으로 장애가 있는 자손이 태어나요. 심지어 사람들은 원하는 특정 품종으로 태어나지 않은 동물들을 미처 눈을 뜨기도 전에 안락사시키기도 합니다.

동물권과 부딪히는 품종개량

이제 과학자들은 재조합 DNA 기술을 이용해 아예 새로운 차원의 품종개량을 시도하고 있습니다. 1962년 6월 미국 연구진은 아이쿠오레아빅토리아*Aequorea victoria*라는 해파리에게서 초록 형광빛을 내는 '녹색 형광 단백질'(Green Fluorescent Protein, GFP)을 추출하는 데 성공했어요. 그때부터 전 세계의 과학자들은 녹색 형광 단백질을 너도나도 DNA 재조합에 활용했죠.

1999년 9월엔 수질오염 정도를 감지할 목적으로 싱가포르 연구진이 'DNA 재조합 형광 물고기'를 개발했고, 일부 사업가는 이 물고기를 보고 즐기는 용도의 관상어로 사람들에게 팔았답니다. 지금도 다양한 종류의 형광 물고기가 미국 본토와 알래스카주에서 글로피시(GloFish)라는 상표명으로 판매돼요. 한편 2009년 4월엔 국내 연구진이 붉은 형광빛을 내는 형질전환 복제견 루피를 만들어 냈습니다.

앞으로 언젠가는 공동주택에서 편히 키울 수 있도록 짖지 못하게 만든 개가 등장할지도 몰라요. 고양이 알레르기가 있는 사람들을 위해 알레르기 유발 유전자를 없앤 반려묘를 만들어 낼지도 모르고요. 그런데 과연 이렇게 태어난 동물들이 생명체로서 존중받는다고 할 수 있을까요?

갖가지 색깔로 개발된 글로피시.

과거엔 동물을 단순히 인간의 소유물로 생각해서 그들의 삶과 행복을 염두에 두지 않았습니다. 하지만 오늘날엔 자유롭고 독립적이며 행복한 삶을 누릴 권리인 '인권'을 인간이 보장받듯, 동물이 지닌 '동물권'을 존중해야 한다는 인식이 퍼지고 있죠.

이런 관점에서 봤을 때, 인간의 편의를 위해 생물의 고유한 성질을 바꾸는 일은 과연 어디까지 허용될 수 있을까요? 더 많은 식량을 얻으려고 시작한 품종개량이 동물권 침해에 이르게 된 지금, 생명을 진정으로 존중하는 자세가 어떤 것인지 고민해야 합니다.

☆ 9 ☆

신비롭지만 슬픈 하양, 알비노

집단 따돌림을 당한 새끼 캥거루

2019년 5월, 한 온라인 매체에 온몸이 하얀 새끼 캥거루가 슬픈 눈으로 어미를 꼭 끌어안는 장면을 담은 사진들이 공개됐어요. 사진 속 캥거루는 털빛이 다르다는 이유로 무리에서 따돌림을 당했죠. 자신을 유일하게 받아 주는 어미에게 다가가 얼굴을 비비대는 모습에 많은 사람이 안타까운 감정을 느꼈습니다. 그런데 이 캥거루는 왜 하얀 털을 지니고 태어났을까요? 다른 캥거루들이 하얀 캥거루를 외면한 까닭은 뭘까요?

하얀 몸을 지닌 동물들

우리가 일반적으로 아는 캥거루는 붉은색 혹은 회색의 털을 지닙니다. 그런데 앞서 언급한 사진 속 캥거루는 놀랍게도 온몸이 하얀색이었죠. 자연에선 캥거루 말고도 하얀 몸을 지닌 동물이 종종 발견돼요. 2021년 5월 미국 캘리포니아주 해안에서는 흰색 큰코돌고래가 포착됐고, 같은 해 2월 남극에선 하얀 젠투펭귄이 발견되며 화제에 올랐습니다. 또한 2020년 4월 우리나라 설악산에선 하얀 털빛의 담비가 무인 센서 카메라에 포착됐죠.

이 동물들은 왜 다른 개체와 구별되는 하얀 몸을 지녔을까요? 그건 바로 '백색증' 혹은 '선천적 색소결핍증'이라고 부르는 유전성 질환 때문입니다.

백색증은 유전자변이 때문에 멜라닌을 몸에서 합성하지 못해 발생합니다. 멜라닌은 눈과 털, 피부 등에 존재하는 갈색·검은색의 색소죠. 동물의 눈 색깔, 털빛, 피부색은 이것의 양에 따라 결정됩니다. 또 멜라닌은 자외선이 피부로 침투하는 것을 막음으로써 몸을 햇볕에서 보호하는 역할도 해요.

그런데 백색증을 겪는 동물들은 멜라닌을 제대로 만들어 낼 수 없어서 털과 피부가 하얀색을 띱니다. 멜라닌 부족으로 홍채가 투명한 탓에 피가 고스란히 비쳐서 눈이 빨갛기도 하죠. 이처럼 백색증 때문에 하얀 몸을 지닌 개체들을 가리켜 '알비노'(albino)라고 불러요. '하얗다'는 의미의 라틴어 '알부스'(albus)에서 유래한 이름입니다.

자연에서 살아남기 힘든 알비노의 운명

알비노는 어류부터 조류·파충류·포유류에 이르기까지 여러 동물에게서 나타나요. 동물실험에 흔히 쓰이는 흰쥐와 흰토끼도 알비노죠. 알비노 동물은 특별하고 신비로워 보이지만, 사실 자연에서 그들이 처한 운명은 전혀 순조롭지 않습니다. 특유의 하얀 몸빛이 생존에 불리하게 작용하기 때문이에요.

야생에서 눈에 띄는 알비노 개체.

다른 동물을 잡아먹는 포식자가 알비노라면 바위나 수풀 사이에 숨어도 먹잇감의 눈에 잘 띄어서 사냥에 성공할 확률이 매우 떨어집니다. 이와 반대로 다른 동물에게 잡아먹히는 피식자가 알비노라면 보호색으로 자신을 못 숨기기에 천적의 눈에 잘 띄어서 쉽게 사냥감이 되죠.

그런 이유로 알비노 개체는 무리에서 소외되거나 심지어 어미에게서까지 버림받아요. 알비노와 함께 지내면 해당 무리에 속한 다른 개체들도 덩달아 먹이를 못 구하거나 위험에 처할 확률이 높아지기 때문입니다. 따라서 다른 개체들이 알비노를 외면하거나 버리는 건 어쩔 수 없는 생존 본능이라고 볼 수 있어요.

인간의 욕심이 불러온 비극

특유의 희귀성 탓에 알비노 야생동물은 일확천금을 노리는 사람들의 표적이 되기도 합니다. '코피토 데 니에베 사건'이 대표적인 사례죠.

1966년 10월, 당시 에스파냐의 식민지이던 중앙아프리카 서부 기니만 영토(현재 적도기니)에서 두 살로 추정되는 새하얀 수컷 서부저지고릴라가 발견됐어요. 사람들은 새끼 고릴라를 포획하기 위해 무리의 다른 고릴라들을 모조리 죽였습니다. 가족을 여읜 채 생포된 흰 고릴라는 바르셀로나동물원으로 곧장 팔려 갔죠. 여기서 에스파냐어로 '작은 눈송이'라는 뜻의 '코피토 데 니에베'(Copito de Nieve)라고 불리며 세계적인 스타 동물이 됐지만, 결국 그는 희귀한 형태의 피부암에 걸려 투병하다가 2003년 11월에 안락사당하고 말았답니다. 2011년 제작된 〈화이트 고릴라〉*Snowflake, the White Gorilla*라는 애니메이션이 바로 이 고릴라를 소재로 한 거예요.

한편 자연에 존재하던 알비노를 잡아들이는 데서 더 나아가 비윤리적인 방식으로 알비노 동물을 번식시키려는 사람들도 있습니다. 백색증은 열성유전이 되는 대표적 질병이에요. 즉 부모가 모두 해당 돌연변이 유전자를 지녀야 알비노 형질을 갖춘 자식이 태어날 수 있죠.

독일 뒤스부르크동물원의 알비노 캥거루.

그 때문에 일부 동물원에서는 같은 종류의 알비노끼리 교배시켜 알비노 개체수를 유지하려고 합니다. 하지만 이때 돌연변이 유전자를 지닌 근친 사이에 교배가 이뤄진다면 백색증 말고도 사시나 안면 기형, 입천장갈림(구개열) 등 또 다른 유전적 결함이 발생할 가능성이 커요. 결국 인간의 욕심 탓에 부자연스러운 방법으로 탄생한 동물들이 그런 고통을 고스란히 겪게 되죠. 이런 문제의식에 따라 2011년 6월 미국동물원수족관협회(AZA)는 흰 사자, 흰 호랑이 등의 희귀 동물을 인위적으로 번식시키는 일을 금지했습니다.

사람에게도 쉽지 않은 알비노의 삶

백색증은 사람한테도 나타나요. 약 1만 7,000명 가운데 1명이 알비노로 태어나죠. 백색증이 발병한 사람은 색이 옅은 눈동자와 분홍빛이 감도는 흰 피부를 지니며, 알비노 동물과 마찬가지로 털이 하얗게 자랍니다. 멜라닌이 부족한 알비노는 피부가 자외선에 그대로 노출되므로 장시간 강한 햇볕을 쬐면 곧바로 화상을 입거나 피부암 등의 질환에 쉽게 걸릴 수 있어요. 따라서 이들은 수시로 온몸에 자외선 차단제를 덧바르고, 한여름 불볕더위에도 피부가 햇볕에 노출되지 않도록 소매가 긴 옷을 입어야 하죠.

또한 알비노는 선천적으로 시력이 나쁜 편이며, 홍채에도 멜라닌이 부족한 탓에 눈으로 들어오는 빛의 양을 조절하지 못해서 약한 빛에도 눈부심을 심하게 느낍니다. 그래서 해가 떠 있는 동안 야외에선 항상 선글라스를 착용해야 하고, 운전도 제대로 할 수 없어요. 이처럼 일상생활 속 크고 작은 불편도 문제인데, 사람들의 차별 어린 시선은 알비노에게 무엇보다 큰 장벽입니다.

아프리카에선 사람 잡는 사냥꾼까지 등장해

신체적 특성 때문에 알비노는 가장 기본적인 권리인 생존권마저 종종 위협받아요. 아프리카 일부 국가엔 '알비노의 신체 부위를 신(神)에게 제물로 바치면 부(富)와 행운이 따른다'는 말도 안 되는 미신이 퍼져 있죠. 게다가 '후천면역결핍증후군(HIV/AIDS)을 치료할 수 있다'는 허무맹랑한 믿음으로 알비노 여성을 납치해 강간하는 남성도 있습니다. 이젠 알비노를 찾아서 신체를 훼손하거나 인신매매하는 이른바 '알비노 사냥꾼'마저 등장해 심각한 사회문제로 떠올랐어요.

2021년 6월 유엔인권고등판무관사무소(OHCHR)에서 펴낸 보고서에 따르면, 지난 10년간 아프리카의 30개국에서 700명 넘는 알비노가 타인 때문에 다치거나 목숨을 잃었답니다. 현재 아프리카에서 손발 4개, 귀·코·혀·성기로 이뤄지는 '알비노 사체 세트'는 무려 1억 원에 달하는 금액으로 거래된다고 하죠. 안타깝게도 아프리카의 대부분 지역에서는 알비노 습격 등의 범죄행위에 대한 단속과 처벌이 제대로 이뤄지지 않고 있습니다.

이에 많은 국제 구호 단체가 아프리카에서 알비노의 인권과 삶의 질 향상을 위해 활동 중이에요. 최근 들어 국제사회의 지원으로 탄자니아에 알비노 보호 센터가 문을 여는 등 상황이 조금씩 개선되곤 있지만, 지금도 아프리카 부자들 사이에선 암암리에 알비노의 사체나 신체 일부가 거액으로 거래되고 있어서 '사람 사냥'을 막을 더욱 확실한 대책이 필요해 보이죠.

알비노의 행복을 위해 필요한 것은?

백색증을 지니고 살아가는 현실은 여전히 고단하지만, 사회적인 차별과 신체적인 어려움에 맞서 대중 앞에 자신을 당당히 드러내는 알비노도 점점 늘어나고 있습니다. 카자흐스탄에서 '알비노 자매'로 불리는 아셀 칼라가노바(Asel Kalaganova)와 카밀라 칼라가노바(Kamila Kalaganova)가 대표적인 사례예요.

모델로 활동 중인 알비노 청소년.

열여섯 살의 언니 아셀은 사람들의 차별적 시선과 편견 탓에 어릴 적엔 장애 아동이 다니는 특수학교에 가야만 했답니다. 현재는 가족의 지지 속에 특수학교를 떠나 네 살 난 막냇동생 카밀라와 함께 모델로 활약하며 전 세계의 알비노 청소년에게 희망의 메시지를 전하고 있죠.

2015년 12월엔 백색증을 지닌 변호사 압달라 포시(Abdallah S. Possi)가 알비노로서는 탄자니아 역사상 최초로 총리실 차관직에 임명됐어요. 취임 당시 그는 '알비노를 대상으로 한 차별과 범죄가 극심한 탄자니아에서 백색증에 관한 올바른 정보를 제공하며 인식을 개선하는 데 주력하겠다'고 당찬 포부를 밝혔습니다. 이후 그는

2017년 6월 독일 베를린 주재 탄자니아 대사로 취임해 지금까지 외교무대에서 활동 중이에요.

인간과 동물을 통틀어, 알비노를 진정으로 위협하는 건 신체적인 한계가 아니라 사람들의 인식일지도 몰라요. 금전적인 이익이나 순간의 즐거움을 위해 서슴없이 희생시키거나, 겉모습이 다르다고 해서 차가운 시선으로 바라보는 태도 말이죠. 알비노가 안전하게 살아갈 세상을 만들려면 이들을 따돌림이나 숭배, 혹은 정복의 대상이 아닌 공동체의 일원이자 소중한 생명체로 바라보는 사회적 분위기가 필요해요.

☆ 10 ☆

유전자 가위, 생명을 마구 재단하다

'인류의 적'을 멸종시킬 수 있다면?

여름철에 귓가를 맴돌며 밤잠 설치게 하는 모기. 과학자들은 모기와 벌이는 전쟁을 끝내기 위해 연구를 이어 왔어요. 2018년 9월, 영국 연구진이 드디어 모기를 박멸할 방법을 생각해 냈습니다. 바로 모기의 생식능력을 없애 버리는 것이었죠. 연구진은 생식능력을 지닌 암컷 모기 300마리와 수컷 모기 150마리, 생식능력이 없는 암컷 모기 150마리를 폐쇄된 공간에 넣어 놓고 세대를 거쳐 연구했어요. 여덟 세대가 지날 즈음, 놀라운 일이 벌어졌습니다. 총 600마리로 시작한 모기 가계가 전멸한 것이죠. 모든 암컷 모기가 생식능력을 잃어서 더는 후손이 태어나지 않게 된 거예요. 그런데 연구진은 무슨 수로 150마리의 불임 모기를 만들어 냈을까요? 이 방법을 자연에도 적용할 수 있을까요?

모기를 영원히 박멸하는 방법

'지금까지 인류를 가장 많이 죽인 동물'이 뭔지 알고 있나요? 바로 모기입니다. 모기는 뎅기열·말라리아·일본뇌염 등 인간에게 치명적인 질병을 퍼뜨리죠. 특히 1년 내내 모기가 활동하는 열대지방에선 수많은 사람이 모기 때문에 질병을 앓다 끝내 목숨을 잃습니다. 모기는 여름철 숙면을 방해하는 것을 넘어 인간의 생명까지 위협하는 무서운 존재예요.

앞서 소개한 영국의 과학자들은 인류의 적인 모기를 박멸하기 위해 모기의 생식능력을 없애는 방법을 선택했어요. 연구진은 암컷 모기가 알에서 태어나기 전에 생식과 관련한 유전자를 미리 제거해 뒀죠.

흡혈 중인 모기. 참고로 수컷 모기는 피를 빨지 못한다.

알에서 나온 암컷 모기들은 당연히 생식능력이 거의 없었고, 그들이 자라서 수컷 모기와 가까스로 짝지어 낳은 암컷 모기들 역시 생식 유전자가 고장 난 상태로 태어났습니다. 생식능력이 없는 암컷 모기의 개체수는 세대를 거듭할수록 늘어났어요. 결국 모기들은 대를 잇지 못해서 전멸해 버렸답니다.

하지만 연구진은 이 기술을 자연에 적용하진 못했다고 해요. 세상에서 모기가 사라지면, 얼마 가지 않아 모기를 먹이로 삼는 여러 생물까지 멸종해 버려 생태계 교란이 일어날 가능성이 크기 때문입니다. 비록 세상의 모든 모기를 멸종시키진 못했지만, 해당 실험은 모기 유전자를 인간이 원하는 대로 매만져 생식능력을 없애

버렸다는 점에서 놀라움을 줬죠. 그리고 이 실험의 중심엔 유전공학 분야에서 떠오르는 기술인 '유전자가위'가 있었습니다.

마음대로 유전자를 자르고 붙이다

인간을 포함한 대다수 생명체는 유전물질인 DNA를 지녀요. 암과 같은 특정 질병이 발생할 가능성부터 키·피부색 등의 신체적 특징까지 결정하는 유전정보가 바로 DNA에 담겨 있어요. 그런데 만일 DNA를 마음대로 바꿀 수 있다면 어떨까요? 외모를 원하는 모습으로 바꾸거나 태어날 때부터 지닌 불치병을 고칠 수도 있지 않을까요?

황당한 얘기로 들리겠지만, 충분히 실현할 수 있는 일입니다. DNA를 정교히 손질할 수 있는 유전자가위를 과학자들이 개발했거든요. 유전자가위란 마치 가위로 종이를 자르듯 'DNA에서 원하는 부위를 잘라 내어 유전정보를 바꾸는 도구'예요. 실제로 손에 쥐어 쓰는 가위는 아니고, 눈에 보이지 않을 정도로 아주 작은 인공 단백질 복합체죠.

유전자가위는 크게 '특정 유전자를 포함한 DNA를 인식하는 부분'과 'DNA를 자르는 가위 역할을 하는 부분'으로 이뤄집니다.

원치 않는 유전자를 삭제하거나 다른 성질을 지닌 유전자로 교체하려면, 유전자가위를 이용해서 특정한 DNA 구간을 잘라 내면 돼요. 이런 과정을 '유전체 편집'(genome editing)이라고 부릅니다. 현재 유전자가위와 유전체 편집은 점점 더 정교하고 편리한 형태로 발전을 거듭하면서 유전정보를 활용하기 위한 핵심 기술로 자리 잡고 있어요.

유전자가위가 바꾸는 미래

무궁무진한 활용 가능성을 품은 유전자가위는 특히 인간에게 치명적인 유전성 질환을 치료할 수단으로 주목받아요. 사람은 2만 5,000개가량의 유전자를 지녔습니다. 그 가운데 하나에만 문제가 생겨도 유전성 질환을 앓을 수 있죠.

이에 따라 최근 과학계에선 유전자가위를 활용해 급성골수성 백혈병·퇴행성신경질환·혈우병 등 유전적 원인으로 발생하는 다양한 병을 치료하려는 시도가 활발히 이뤄지고 있답니다. 유전성 질환을 앓는 부모로부터 만들어진 배아의 세포에서 병을 유발하는 유전자를 유전자가위로 제거해, 유전성 질환의 대물림을 원천적으로 막으려는 거예요.

또한 유전자가위는 전 세계의 식량 부족 문제를 해결할 열쇠로도 기대를 모읍니다. 현재 진행 중인 바나나 품종개량 프로젝트가 대표적인 사례죠.

앞서 살펴봤듯 바나나는 곰팡이(파나마병) 때문에 멸종 직전까지 간 적이 있어요. 사람들이 수익성과 편리한 운송을 위해 한 품종의 바나나(그로미셸)만 집중적으로 재배한 탓입니다. 지금은 새로운 품종의 바나나(캐번디시)가 재배되지만, 그 역시 10년 안에 이전과 같은 이유로 멸종 위기에 처할 가능성이 크죠. 그래서 과학자들은 유전자가위로 바나나에서 곰팡이에 취약한 유전자를 제거하는 방식의 품종개량을 시도하고 있답니다.

한편 2016년 5월 미국의 한 생물공학 회사는 유전자가위로 젖소의 뿔을 없애는 실험에 성공했습니다. 젖소의 배아에서 뿔 만드는 유전자를 제거한 뒤 자연적으로 뿔이 자라지 않는 소의 유전자를 이식한 것이죠. 이를 통해 뿔 없는 송아지가 탄생했고요.

그동안 젖소의 뿔은 사람이나 다른 소를 다치게 하고 사육 공간도 많이 차지하게 해서 낙농업계에선 골칫거리로 여겨졌답니다. 하지만 이처럼 뿔 없는 젖소가 상용화한다면, 전 세계의 목장이 한층 더 효율적으로 운영될 뿐만 아니라 뿔이 잘리는 고통을 소들이 더는 겪지 않아도 되겠죠. 앞으로 유전자가위는 식품·의학·축산 등 여러 분야에서 폭넓은 변화를 가져올 것으로 보여요.

맞춤형 아기를 둘러싼 논란

하지만 유전자가위 기술의 활용 범위가 점차 넓어질수록 우려도 커지고 있어요. 등장한 지 얼마 안 된 신기술이다 보니 유전체 편집을 관리하고 통제할 법적 장치가 부족한 데다, 살아 있는 생명체를 대상으로 실험하는 만큼 윤리적 문제가 뒤따를 수밖에 없기 때문입니다.

특히 인간을 대상으로 한 유전체 편집 실험은 그 목적과 방식에 따라 커다란 논란을 낳기도 해요. 2018년 11월 중국 남방과기대(SUSTech)의 생물학 교수이던 허젠쿠이[贺建奎]는 '유전자가위를 사용해 후천면역결핍증후군에 걸리지 않는 유전체 편집 아기를 세계 최초로 탄생시켰다'고 발표했습니다. 후천면역결핍증후군의 원인이 되는 인간면역결핍바이러스(HIV)에 저항성을 갖출 수 있도록 배아 상태의 쌍둥이 유전체를 편집했다는 것이죠.

전 세계의 과학자들은 '인간면역결핍바이러스 감염을 예방하는 안전하고 효과적인 방법이 이미 존재하는데도, 부작용이 명확히 안 밝혀진 유전체 편집 실험에 쌍둥이를 동원했다'며 허젠쿠이를 강하게 비판했어요. 결국 허젠쿠이는 이듬해 12월 불법 의료 행위로 중국 법원에서 3년의 징역형과 약 6억 원의 벌금형을 선고받았고, 2022년 4월에야 출소했습니다.

'맞춤형 아기'를 전면에 내세운 미국의 잡지 표지. "우리는 이제 인류를 공학적으로 만들어 낼 수 있다"고 적혔다.

전문가들은 '앞으로 인간에게 유전자가위 기술을 적용하는 연구가 활발히 이뤄진다면, 가까운 미래에 맞춤형 아기가 보편화할 가능성이 있다'고 예측합니다. 배아 상태에서 유전체를 편집해 눈동자와 머리카락을 원하는 색으로 바꾸거나 인위적으로 지능지수(IQ)를 높인 아기를 만들 수 있다는 말이죠. 심지어 아이의 성별까지도 선택의 문제가 될 수 있어요.

지금까지 사람을 대상으로 한 유전체 편집 실험은 주로 유전성 질환을 예방하고 치료하는 방향으로 진행됐습니다. 하지만 최근 들어 인공수정 등을 통해 맞춤형 아기를 탄생시키는 연구도 일부에서 꾸준히 진행 중이에요.

착한 기술 혹은 나쁜 기술

'허젠쿠이 사건'이 일어난 뒤, 세계보건기구(WHO)는 관련 전문가를 소집해서 유전자가위의 무분별한 이용을 막기 위한 국제 규범 제정을 추진했어요. 유전자가위가 뚜렷한 규제 없이 상용화한다면, 불치병 치료나 신체 능력 향상을 구실로 무분별하게 유전체 편집이 이뤄져서 안전성에 문제가 생길 것이기 때문이죠.

전문가들은 유전자가위 관련 세계시장이 2018년 약 5조 원 규모에서 매년 14.5% 성장해 2023년엔 약 10조 원 규모로 커지리라고 전망합니다. 따라서 이 강력한 기술을 어떻게 다루고 통제할지에 관한 결정이 시급한 상황이에요. 처음부터 선하거나 악한 과학기술은 없습니다. 기술이 가져올 결과는 인간이 해당 기술을 어떻게 사용하느냐에 달려 있을 뿐이죠. 마치 '핵분열을 에너지 발전에 쓸 것인가, 폭탄에 쓸 것인가?'라는 선택이 우리의 몫인 것처럼요.

앞으로 우리는 유전자가위를 이용해 식량문제를 해결하고 질병을 극복하는 등 혜택을 누릴 거예요. 그러나 이와 동시에 예상치 못한 돌연변이나 생태계 파괴, 인권침해 등의 부작용을 맞닥뜨릴 수 있죠. 유전자가위는 인류의 삶에 큰 영향을 줄 기술입니다. 따라서 그에 대한 맹목적인 믿음이나 막연한 두려움을 품기보다 올바른 신념과 윤리적인 관점을 갖춘 뒤 활용할 필요가 있어요.

내독소	세균 안에 있어서 균이 생존하는 동안엔 밖으로 분비되지 않는 독소. 죽어서 세균의 세포가 파괴될 때 외부로 나타나는데, 장티푸스균·콜레라균에서 볼 수 있다. 열에 저항력이 강하다.
뎅기열	열대·아열대 지방에서 흔히 나타나는 감염병. 모기를 통해 감염되며 결막충혈과 관절통, 근육통, 발열, 백혈구 감소, 심한 두통 등의 증상을 보인다.
말라리아	말라리아병원충을 지닌 학질모기에게 물려 걸리는 법정 감염병. 갑자기 열이 나며 구토·발작·설사를 일으키고, 비장이 부으면서 빈혈증이 나타난다.
머리가슴	머리와 가슴 부위가 구별 없이 하나로 합쳐진 부분. 절지동물 가운데 갑각강에 속하는 게·새우, 주형강에 속하는 거미·전갈 등에게서 볼 수 있다.
보호색	공격을 피하고 자기 몸을 보호하기 위해 다른 동물의 눈에 띄지 않도록 주위와 비슷하게 되어 있는 몸 색깔. 가랑잎나비·메뚜기·송충이 등의 몸 색깔이 대표적이다.
열성	대립형질 가운데 잡종 제1대엔 나타나지 않는 형질.
일본뇌염	바이러스의 감염으로 일어나는 유행뇌염. 늦여름에 모기가 퍼뜨리는데 근육강직과 두통·혼수상태 등의 증상이 나타나며 사망률이 높다.

혈우병	조그만 상처에도 쉽사리 피가 나고 잘 멎지 않는 유전성 질환. 여자를 통해 유전되어 남자에게 나타나는 병이다.
후천면역결핍증후군	인간면역결핍바이러스 때문에 몸 안 세포의 면역기능이 점점 없어지는 감염병. 한때 사망률이 매우 높은 감염병이었으나 현재는 만성질환으로 분류된다.

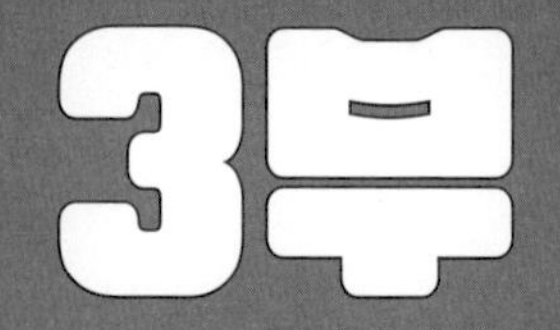
3부

우리 사회에 던지는 뜨끈뜨끈 생명과학 질문

☆ 11 ☆

유전자 정보 시대, 득인가 실인가

연쇄살인범 잡은 유전자 족보

2018년 4월, 한때 미국 전역을 공포에 떨게 한 연쇄살인범 조지프 제임스 디앤젤로가 마침내 붙잡혔습니다. 디앤젤로는 1970·1980년대 캘리포니아주 일대에서 최소한 13명을 살해하고 51명을 강간했으며, 120건의 강도 사건을 저질렀다는 혐의를 받았죠. 첫 범죄 시점부터 따진다면 무려 44년 만에 체포된 거예요. 경찰은 사건 현장에서 범인의 것으로 추정되는 DNA를 확보했지만, 당시엔 할 수 있는 게 별로 없었습니다. 늦게나마 범인의 정체를 밝히는 데 결정적인 역할을 한 건, 다름 아닌 유전자 족보로 조상을 찾는 'DNA 혈통 분석 온라인 서비스'였죠. 과연 어떻게 된 일일까요?

비밀은 DNA에 숨어 있다!

생물의 유전정보가 담긴 DNA의 구조는 오랫동안 과학계에서 수수께끼로 남아 있었어요. 그런데 1953년 4월 미국의 제임스 왓슨(James D. Watson)과 영국의 프랜시스 크릭(Francis H. C. Crick)이 아데닌(A)·사이토신(C)·구아닌(G)·티민(T) 등 네 가지 핵 염기가 결합해 이중나선을 이루는 DNA 구조를 밝혀냈죠. 이 공로로 두 분자 생물학자는 1962년 노벨생리학·의학상을 받았고요.

그 뒤로도 DNA를 분석해 보려는 과학자들의 노력은 이어졌습니다. 1984년 12월 미국 유타주 알타에 모인 과학자들은 돌연변이를 일으키는 유전적 원인을 명확히 밝히려면 "엄청나게 크고, 복잡하며, 비용이 많이 드는 프로그램"(an enormously large, complex, and expensive program)이 필요하다고 뜻을 모았죠. 바로 DNA 염기서열을 규명하는 거대한 연구 계획이 있어야 한다는 말이었어요.

인간의 DNA는 대략 30억 개의 염기쌍으로 이뤄졌는데, 과학자들은 이걸 모두 해독하면 노화·질병에 관한 비밀이 드러나 예방과 치료를 적극적으로 할 수 있으리라고 봤답니다. 그렇게 1990년 10월 독일·미국·영국·일본·중국·프랑스 등 6개국 연구진은 사람 DNA의 염기서열을 읽어 유전자지도를 그려 내는 '인간 유전체 프로젝트'(Human Genome Project, HGP)를 시작했고, 마침내 13년 만인 2003년 4월에 연구 사업을 완료했죠.

연구 결과는 엄청났어요. '염기가 어떤 순서로 배열됐느냐에 따라 유전정보가 결정된다'는 사실을 알아냈거든요. 모든 사람의 유전정보는 99.9% 같고, 나머지 0.1%가 건강 상태나 생김새 등 개인차를 만들어 냈습니다. 고작 0.1% 차이라는 점이 정말 신기하죠? 참고로 인간과 가장 가까운 동물인 침팬지와는 1% 차이예요.

우리도 이렇게 읽어 낸 DNA 정보를 직접 찾아볼 수 있답니다. 인간 유전체 프로젝트 연구진이 사업 결과를 미국국립생물공학정보센터(NCBI)의 '젠뱅크'(GenBank)에 공개한 덕이에요. 데이터베이스(ncbi.nlm.nih.gov/genbank/)에 접속하면 유전자의 구조 및 기능, 특정 유전자와 관련한 질병을 알아볼 수 있고 초파리·효모 등 다른 생물의 유전자와 사람 유전자를 비교해 볼 수도 있습니다.

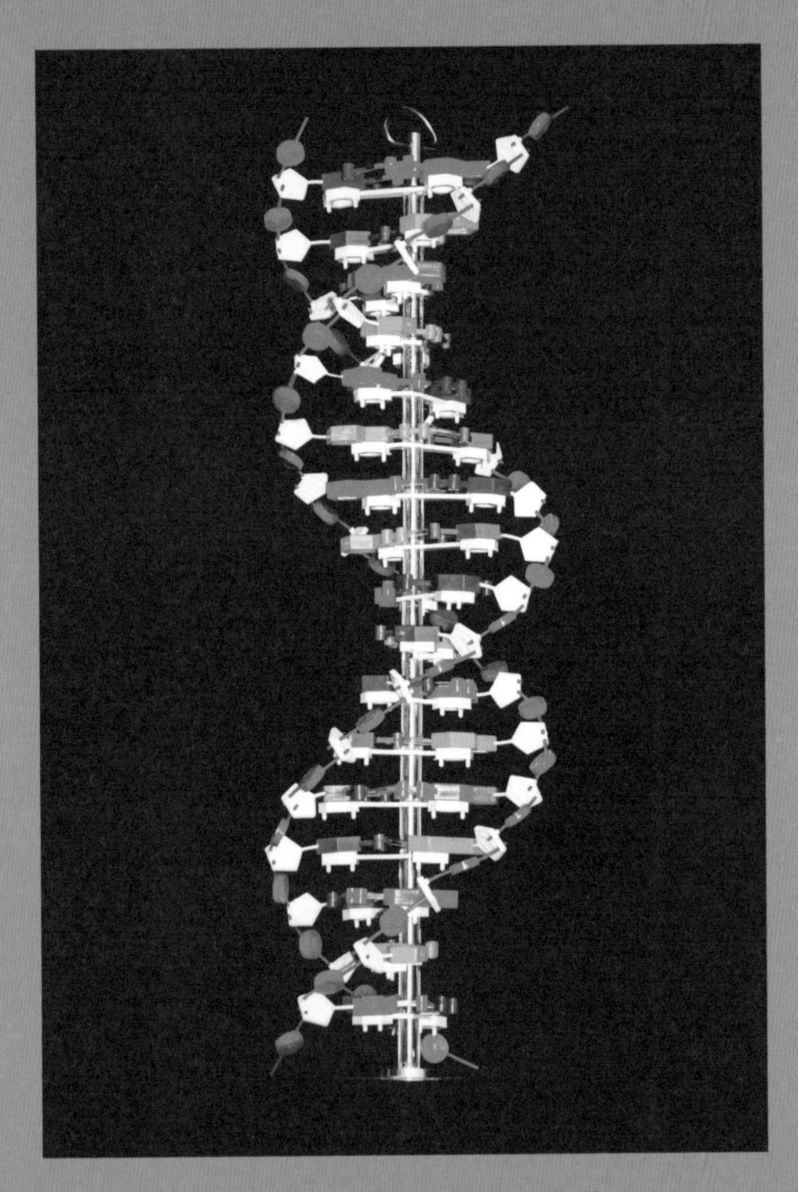

DNA의 이중나선 구조를 보여 주는 플라스틱 모형.

똑똑한 DNA야, 나를 좀 찾아 줘

현재 개인의 DNA를 분석해서 유전자 족보를 만드는 일도 가능해요. 유전자분석 회사에 침(타액, saliva)을 보내면 내 몸속에 어떤 민족의 유전정보가 포함됐는지를 알려 주죠. 예를 들어 '한국인 49.2%, 일본인 30.9%, 중국인 16.8%, 몽골인 3.1%입니다.' 같은 분석 결과를 받아 볼 수 있답니다.

또 유전자분석을 통해 어떤 사람이 나의 혈통인지도 확인할 수 있어요. 비슷한 방법으로 6·25전쟁 때 전사한 유해의 신원을 밝히거나 이산가족이 상봉한 바 있죠. DNA 분석은 실종자를 찾는 데도 유용합니다. 경찰청에 따르면 2004년부터 2022년까지 689명의 실종 아동이 유전자분석 사업으로 가족을 찾았대요.

그처럼 DNA 분석으로 어떤 사람을 찾아내려면 두 가지 과정이 필요해요. 첫 번째는 DNA를 복제·증폭하는 과정이고, 두 번째는 유전정보를 데이터베이스로 구축해서 해당 DNA와 비교하는 과정입니다.

앞서 미국 경찰이 사건 현장에서 연쇄살인범의 것이라고 추정되는 DNA를 확보했지만, 당시엔 별수 없었던 까닭이 바로 첫 번째 과정 때문이에요. 이때만 해도 DNA를 분석할 만큼 충분한 양으로 증폭하는 기술의 수준이 모자랐거든요.

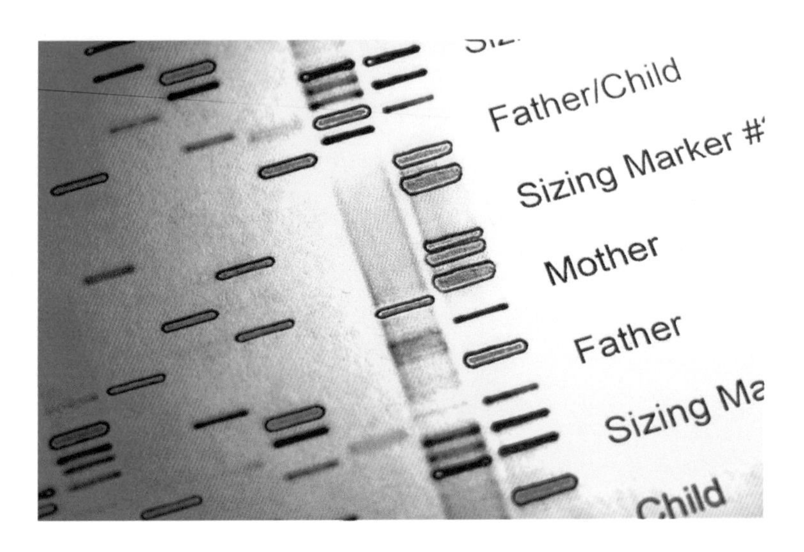

범죄 수사와 실종자 찾기 등에 이용되는 DNA 분석.

DNA의 원하는 부분만을 복제·증폭하는 분자생물학 기술인 '중합효소연쇄반응'(Polymerase Chain Reaction, PCR)은 1983년에 처음 개발됐습니다. 맞아요, 우리가 코로나19 감염 여부를 알아낼 때도 쓰는 그 방법이죠. 중합효소연쇄반응을 발명한 미국의 생화학자 캐리 멀리스(Kary B. Mullis)는 이런 공로로 1993년 노벨화학상을 받았답니다.

한편 미국연방수사국(FBI)은 1990년에 시범 프로젝트로 시작해서 1998년 '통합 DNA 색인 시스템'(COmbined DNA Index System, CODIS)이라는 국가 수준의 데이터베이스를 구축했어요. 사건 현장에서 발견한 것과 실종자, 유죄판결을 받은 범죄자의 DNA 정보를 관리하기 위해서였죠. 그런데 아쉽게도 1970·1980년대 캘리포니아주 일대에서 연쇄살인을 저지른 범인의 정보는 여기에 나타나지 않았습니다.

시간이 흘러 경찰은 뜻밖의 곳에서 해결책을 찾게 돼요. 스스로 자기 DNA 정보를 올려서 뿌리와 친척을 찾는 유전자 족보 온라인 서비스가 마침 유행했거든요. 거기에 올라온 정보와 사건 현장에서 찾은 DNA를 비교하면 실마리를 얻을지도 모른다고 생각한 거예요.

경찰은 유전자 족보 온라인 서비스에 범인의 DNA 정보를 올린 뒤 혈통 관계가 있는 인물을 하나씩 추려 나갔습니다. 이들을 연결해 추적한 끝에, 마침내 극악무도한 연쇄살인범 조지프 제임스 디앤젤로(Joseph James DeAngelo)를 찾아냈답니다.

나에게 꼭 맞는 맞춤 의료 시대

개인의 DNA를 분석하는 비용은 범위에 따라 적게는 10만 원부터 많게는 100만 원 정도라고 해요. 유전자분석 회사는 의뢰인의 DNA 염기서열을 인간 유전체 프로젝트 연구진이 공개한 참조 유전체(reference genome)와 비교해 건강 상태, 유전성 질환 정보 등을 제공하죠. 더 정확한 정보를 전달하기 위해 자체적으로 데이터베이스를 구축하는 회사도 있고요.

그 결과 개인의 체질에 맞는 치료법을 개발하거나 특정 질병이 생길 위험도를 먼저 알아내는 '맞춤 의료'의 시대가 열렸어요. 대표적인 사례가 미국 배우 앤젤리나 졸리(Angelina Jolie)의 예방적 유방절제술입니다. 졸리는 자기 DNA 염기서열을 참조 유전체와 비교해 봤더니, BRCA1 유전자의 결함으로 유방암에 걸릴 확률이 무려 87%라는 사실을 알게 됐죠. 어머니인 배우 마셸린 버트런드(Marcheline Bertrand)도 8년간 난소암과 유방암을 앓다가 세상을 떠났기에, 졸리는 예방 차원에서 양쪽 유방을 떼어 내는 수술을 받았습니다.

이렇듯 개인의 유전정보를 분석하면 유전성 질환은 물론이고, 고혈압이나 당뇨병·심장병 같은 질병까지 진단해서 치료할 수 있답니다. 졸리처럼 치명적 증상이 나타나기 전에 예방하는 일도 가능하고요. 유전적 요인이 큰 암이나 희소 질환을 앓는 환자들에게 유전정보를 이용하는 의료 기술이 특히 효과적으로 쓰이리라고 기대되죠.

그렇다면 국가가 나서서 유전정보·의료 데이터베이스를 마련하면 어떨까요? 범죄자의 DNA 정보를 관리하는 미국연방수사국의 통합 DNA 색인 시스템처럼 말입니다.

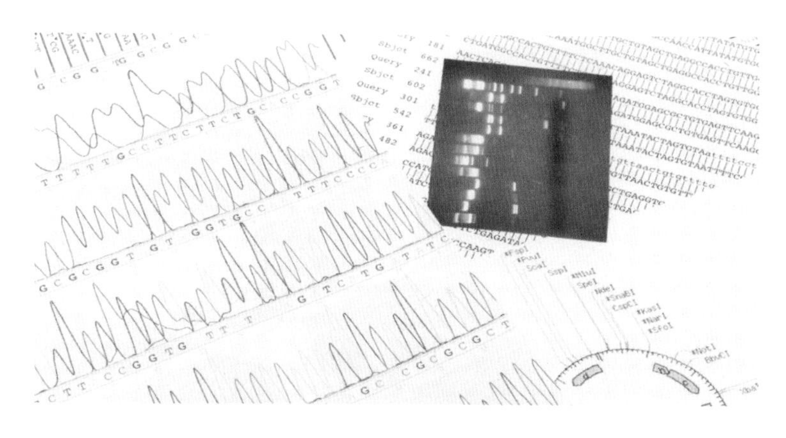

전기영동과 중합효소연쇄반응으로 추출한 유전정보 데이터.

이미 우리나라 건강보험심사평가원은 진료 이력이나 투약 내용 등의 의료 정보 약 3조 건을, 국립암센터는 전국 암 발생 현황 자료를 축적해 뒀어요. 민간 의료 기관 역시 전자의무기록(Electronic Medical Record, EMR) 시스템을 이용해 데이터를 기록하죠. 거기에 유전정보까지 더해진다면 어느 의료 기관을 찾든 나에게 꼭 맞는 의료 서비스를 받을 수 있지 않을까요?

1998년 아이슬란드는 이런 데이터베이스 마련을 꿈꿨습니다. 아이슬란드 정부는 데이터베이스 구축을 디코드저네틱스(deCODE genetics)라는 민간 업체에 맡겼죠. 하지만 디코드저네틱스는 성과를 내지 못한 채 결국 파산했어요. 그러면서 아이슬란드 국민 14만 명의 유전정보·의료 데이터를 제약 회사에 팔아 버렸습니다. 이것이 무척 중요한 개인정보임에도 불구하고요.

내 유전정보 활용을 누가 허락했나?

디코드제네틱스 사례처럼 개인정보가 보호되지 못하면 어떤 일이 벌어질까요? 제약 회사가 개개인의 유전자 정보를 바탕으로 신약을 개발했다고 가정해 보세요. 그 약을 비싼 값에 판다면요? 정보를 제공한 사람과 이익을 나누긴커녕, 독차지하는 셈이 아니겠어요?

더 큰 문제는 정보를 제멋대로 이용해 개인을 식별하는 역기능이 나타날 수 있다는 점입니다. 코로나19 범유행은 이런 현상을 부추겼죠. 각국 국경 검문소에서 감염병 유입을 통제하려고 입국자 데이터베이스를 구축하기 시작했거든요. 마음만 먹으면 거기에 등록된 정보로 얼마든지 개인을 식별할 수 있습니다.

심지어 최근 중국에서는 세계 최대 규모의 DNA 데이터베이스를 구축하고 있어요. 개인의 사회관계와 활동을 파악해 감시하려는 목적에서죠. 특히 남성의 DNA를 대거 수집했다고 하는데, 여기엔 이유가 있습니다. 인간의 성염색체는 X·Y로 이뤄져요. 남성은 염색체 X와 Y로 조합된 XY를, 여성은 염색체 X가 쌍을 이룬 XX를 지니고 태어나죠. 그때 남성의 Y염색체는 아버지 쪽 혈통을 따라 물려받습니다. 따라서 한 남성의 Y염색체를 확보하면 부계친족의 유전정보까지 손쉽게 파악할 수 있어요. 어쩐지 좀 무섭죠?

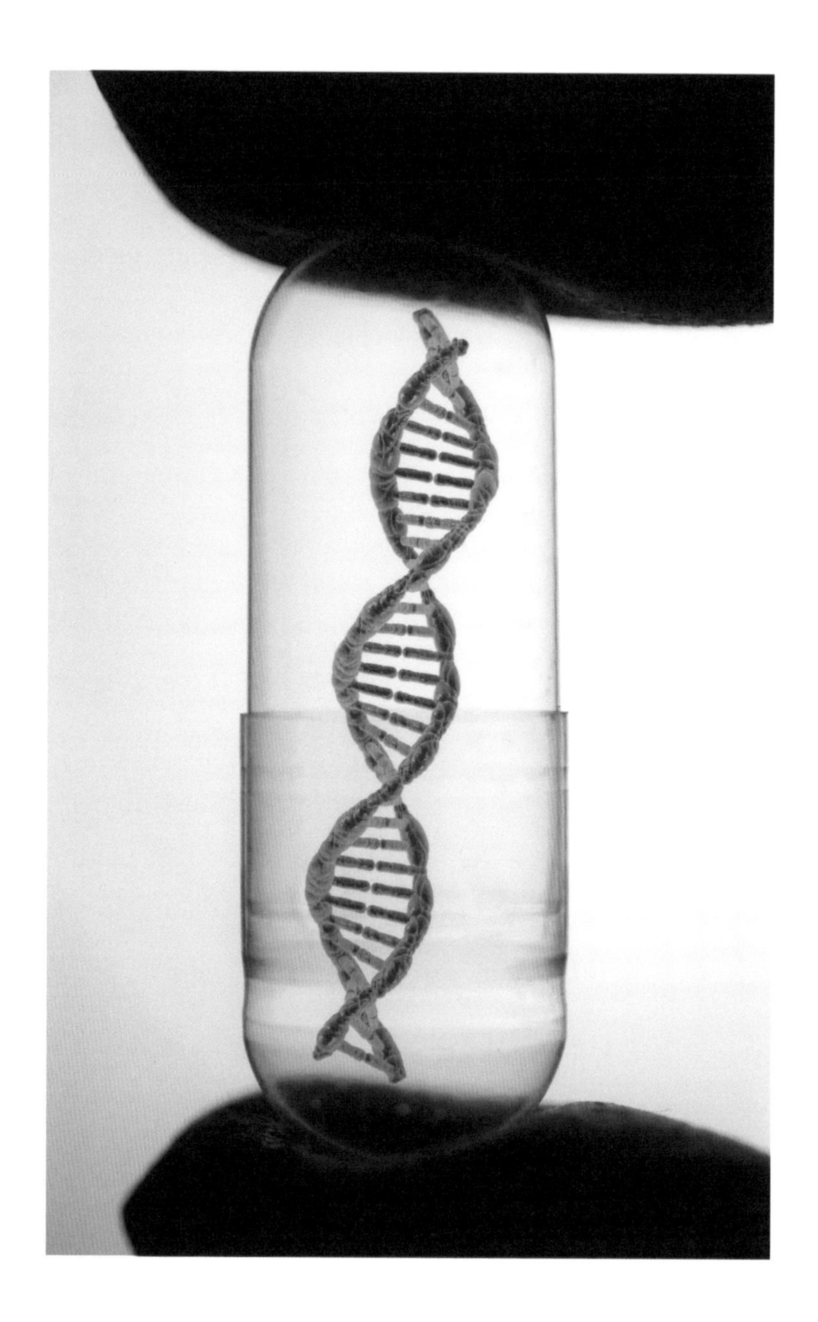

앞서 유전자 족보 온라인 서비스를 이용해 범인을 잡은 미국 경찰 또한 '사건과 관련 없는 인물의 정보를 수집해서 사생활을 침해했다'는 비판을 피하지 못했습니다. 해당 온라인 서비스도 연쇄살인범을 잡는 데 이바지하며 유명해졌지만, 보안 사고로 100만 명 넘는 사람의 정보가 유출되면서 지금은 문을 닫았어요.

얻는 것과 잃는 것 사이에서

유전정보·의료 데이터베이스 마련을 요구하는 목소리가 점점 커지는 요즘입니다. 전 국민의 유전정보와 의료 데이터를 활용하는 일이야말로, 빅데이터를 기반으로 한 4차산업혁명 시대에 알맞은 기술 이용이라는 것이죠. 그런 시대적 흐름에 따라 현재 우리나라에선 병원마다 환자 데이터를 축적해 활용하려는 시도가 이어지고 있습니다.

국민의 건강을 지키고 생명을 연장하려는 목적이라지만, 이렇게 모인 정보가 악용될 위험은 충분해요. 개인을 감시하거나 통제하는 데 쓰일 수도 있고, 정보를 팔아넘겨 돈을 버는 사례도 나올 수 있으니까요. 앞서 살펴본 것처럼 말이죠. 이름을 숨기거나 정보를 암호화해 관리한다지만, 익명성을 완전히 보장할 수 있을까요?

유전정보엔 시간이 지나도 변치 않는 개인의 특징이 고스란히 담겨 있습니다. 정보가 단 한 번이라도 유출되면 큰 피해를 불러올 게 빤하죠. 따라서 더욱 신중한 관리가 필요합니다.

한편 개인의 DNA 염기서열 분석이 지금보다 보편화하면 우리는 새로운 차별을 경험하면서 살게 될지도 몰라요. '당신의 치매 관련 유전자에 문제가 있습니다. 치매에 걸릴 위험이 크니 보험에 가입하려면 돈을 더 내야 합니다.' '우리 회사는 작업 과정에서 먼지가 많이 발생합니다. 당신의 유전정보를 보니 폐암에 걸릴 가능성이 큽니다. 만일을 대비해서 고용을 거부하겠습니다.' 이런 식으로 말이죠. 유전자 정보 시대를 반겨야 할지 고민이 되네요.

앞으로 유전정보는 여러 분야에서 활용될 겁니다. 거기엔 얻는 것도 많겠지만 분명 잃는 것도 있겠죠. 우리는 유전정보의 잠재적 가치를 밝히는 동시에, 유전정보가 개인정보로서 보호받지 못할 때의 위험성을 경계해야 합니다. 이제 유전자 정보 시대의 역기능과 올바른 대처 방안을 논의해야 할 시점이에요.

☆ 12 ☆

기술과 윤리 사이에 선 생명복제

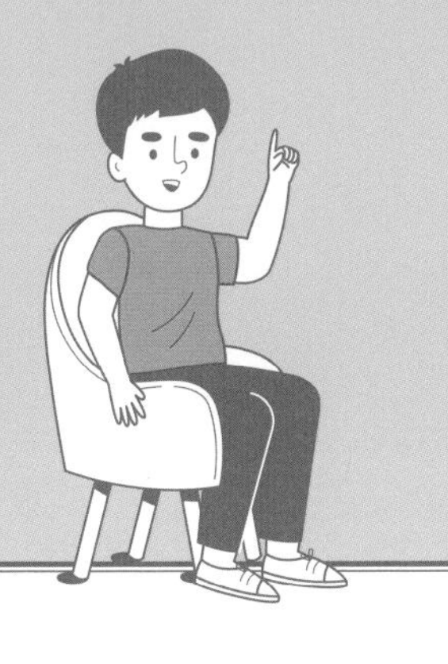

이별 대신 복제를 선택하는 사람들

세상을 먼저 떠난 반려동물이 다시 곁으로 돌아온다면 어떨까요? 영화 속에서나 가능할 법한 일로 들리는 이야기가 최근 반려동물 복제 서비스의 등장으로 현실이 됐습니다. 실제로 2018년 2월엔 미국의 가수 바브라 스트라이샌드가 세상을 떠난 반려견 서맨사를 전문 업체에서 복제했다고 밝혀 화제를 모았죠. 현재 반려동물 복제에 드는 비용은 개의 경우 약 6,000만 원, 고양이는 약 3,000만 원이라고 해요. 만만찮은 가격이지만, 사랑하던 반려동물을 되살리기 위해 많은 사람이 그 돈을 기꺼이 낸답니다. 생명을 복제하는 일은 어떻게 가능할까요?

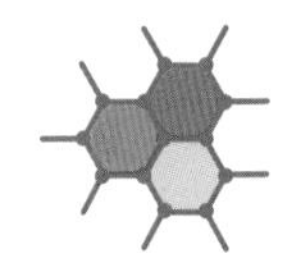

반려동물을 복제하는 방법은 뭘까?

인간을 포함한 동물의 탄생은 수컷의 정자와 암컷의 난자가 만나 생겨난 수정란에서 시작합니다. 포유류라면 수정란이 암컷의 자궁에서 자라나 하나의 생명체로 태어나죠. 하지만 이와 다른 방법으로 태어나는 동물도 있습니다. 기존 개체로부터 복제되어 탄생하는 방식이에요. 포유류의 복제를 위해서는 우선 복제할 개체로부터 체세포를 떼어 낸 다음, 그 안에서 유전자 정보를 담은 세포핵만 따로 뽑아내야 합니다. 여기서 체세포는 팔다리와 피부 등을 구성하는 세포로, 몸의 어느 부분에서 채취하든 상관없죠.

그다음으로는 체세포에서 뽑아낸 핵을 복제동물을 출산할 대리모 동물의 난자에 이식해요. 이때 해당 난자는 미리 핵을 제거해 둔 상태여야 하고요. 마지막으로, 핵이 바뀐 난자를 대리모 동물의 자궁에 넣으면 체세포를 제공한 동물과 똑같은 유전자를 지닌 복제 동물이 태어납니다. 바로 그런 원리로 반려동물의 혀 등에서 미리 채취해 둔 세포를 복제 전문 업체로 보내면 원래 모습과 꼭 닮은 동물을 얻을 수 있어요.

갖가지 이유로 복제되는 동물들

세상을 떠난 반려동물을 다시 만나는 것 말고도 동물 복제의 목적은 다양합니다. 사람에게 나타나는 불치병이나 유전성 질환 등을 치료하려는 목적이 가장 대표적이죠.

1996년 7월, 영국의 과학자들은 세계 최초로 포유류 체세포를 복제하는 데 성공해 암컷 복제양 돌리를 탄생시켰어요. 이듬해 7월엔 복제 기술을 응용해서 인간의 혈액응고 유전자를 양의 난자에 이식하는 데 성공했습니다. 젖에서 혈우병 치료제를 생산할 수 있는 암컷 복제양 몰리·폴리가 이렇게 세상에 나왔죠. 또 2000년 3월엔 사람에게 장기를 이식해도 거부반응이 없도록 유전자를 조작한 5마리의 암컷 복제돼지인 닷컴·밀리·알렉시사·크리스타·캐럴이 탄생했고요.

나날이 늘어나는 복제견 수요. 검역 및 마약 탐지, 인명구조 등
특수목적견의 복제가 증가하는 추세다.

한편 2018년 12월 중국에서는 체세포 복제를 통해 경찰견 화황마의 암컷 복제견인 쿤쉰을 만들어 냈습니다. 화황마는 수십 건의 살인사건에서 범죄 현장의 발자국과 핏자국, 냄새 등을 포착해 범인을 검거하는 데 핵심적인 역할을 한 스타 경찰견이에요.

그같이 뛰어난 경찰견 1마리를 길러 내려면 평균적으로 5년 정도의 훈련 기간과 6,000만 원 넘는 비용이 들어요. 하지만 화황마의 뛰어난 DNA를 99.9% 물려받은 복제견 쿤쉰은 아주 놀랍게도 훈련을 시작한 지 5개월 만에 임무 투입이 가능한 수준에 도달했답니다. 이 때문에 최근엔 범죄 현장을 수색하거나 인명을 구조하는 등 사람에게 도움을 주는 특수견의 복제 수요가 늘고 있죠.

더 놀라운 소식도 있답니다. 2015년 3월 미국 하버드대의 유전학 교수인 조지 처치(George M. Church)가 '멸종한 털매머드를 생명 복제로 부활시키겠다'고 발표했거든요. 빙하에서 찾아낸 매머드의 DNA를 아시아코끼리 자궁에 이식해 매머드와 코끼리의 잡종을 탄생시킨 뒤, 교배를 반복해서 고대 털매머드에 가까운 동물을 만들어 내겠다는 원대한 계획이죠.

그와 관련해 러시아와 일본의 과학자들은 매머드 체세포에서 뽑아낸 핵을 쥐의 난자에 이식하는 실험을 진행했는데, 여기서 일부 세포가 활성화하는 모습을 발견했습니다. 다음 과제는 그 상태에서 '세포분열'을 이뤄 내는 거예요. 이대로 관련 실험이 계속 성공한다면, 가까운 미래에 매머드를 비롯한 멸종동물이 되살아날지도 모릅니다.

동물 복제 과정에 드리운 그림자

복제양 돌리가 영국에서 탄생한 뒤부터 전 세계의 생명공학 연구자들은 너도나도 앞다퉈 복제동물을 만들어 냈어요. 우리나라에서도 2005년 4월 서울대 연구진이 세계 최초의 복제견 스너피를 탄생시켰죠.

2003년 2월 사망한 뒤 박제되어 영국 에든버러 스코틀랜드국립박물관에 전시된 돌리.

그러나 현재 동물 복제 기술은 성공률이 낮은 데다, 이를 통해 태어난 복제동물도 유전자 기능 부실로 면역 결함 등의 건강 문제를 안고서 짧은 생을 살아갑니다. 실제로 돌리는 실험을 거친 난자 227개 가운데 유일한 성공 사례였어요. 탄생한 뒤에도 일반적인 양(수명 10~12년)보다 훨씬 더 빨리 진행된 노화 탓에, 관절염·폐병 등을 앓다가 6년 만에 안락사당했죠. 일부 과학자는 돌리가 태어날 때부터 '늙어 있었다'고 주장합니다.

게다가 동물 복제는 필연적으로 수많은 동물의 희생을 동반하게 마련입니다. 예를 들어 복제견 1마리를 탄생시키기 위해선 난자를 제공할 개와 복제동물을 출산할 대리모 개가 필요하죠. 오늘날

개 복제 성공률이 10% 안팎인 점을 고려하면, 복제견 1마리를 만드는 데 20마리 이상의 개가 이용된다고 볼 수 있어요. 실험실에 갇혀 난자를 제공당하고 인공적인 출산 과정을 겪으며 기계처럼 소모되는 개들, 과연 그 모습을 보고도 학대가 아니라고 할 수 있을까요?

인간 복제가 금지된 까닭

이쯤에서 한번 생각해 봅시다. 포유동물 복제가 가능하다면 인간 역시 복제할 수 있지 않을까요? 전문가들은 '기술적으로는 인간 복제도 가능하다'고 말합니다. 그에 따라 경제적 이익이나 생명 연장을 기대하는 일부 과학자와 사업가는 인간 복제를 적극적으로 시도해야 한다고 주장하죠.

하지만 동물 복제에서조차 해결 못 한 윤리적 문제는 인간 복제에도 따라붙어요. 가장 큰 문제는 복제인간의 인권입니다. 장기 이식을 위해 복제한 인간에게서 심장을 떼어 내면 당연히 복제인간은 죽죠. 아무리 누군가를 살리려는 목적이더라도 복제인간의 생명을 도구처럼 활용하는 일이 옳을까요?

이 밖에도 복제인간을 탄생시키는 데 필요한 대리모, 실험 과정에서 폐기될 수많은 배아·수정란 관련 문제 또한 매우 심각해요.

그래서 2005년 3월 유엔총회(UNGA)에서는 '인간 복제에 관한 유엔 선언'(United Nations Declaration on Human Cloning)을 채택했으며, 전 세계 70여 개국은 사람 복제를 금지하는 내용의 법을 제정했습니다. 오늘날 우리나라도 '생명윤리 및 안전에 관한 법률' 제20조(인간 복제의 금지)에 따라 사람 복제를 엄격히 규제하죠.

기억도 복제될까? 완벽한 복제란 없다!

2018년 제작된 SF영화 〈레플리카〉*Replicas*에서는 주인공(키아누 리브스 분)이 사고로 죽은 가족들의 몸을 복제하고, 이들에게 기억을 주입해 원래 모습대로 되살려 냅니다. 그런데 현실에서도 이런 일이 가능할까요?

쉽게 말해 복제동물은 인위적으로 만들어진 일란성쌍둥이와 같습니다. 일란성쌍둥이는 겉모습이 거의 똑같은 상태로 세상에 나오지만, 자라나며 각자의 경험과 환경에 따라 외모 및 신체 능력이 서로 조금씩 달라지죠. 따라서 복제동물이 원본 개체와 똑같은 모습으로 성장하려면 외모 변화에 영향을 주는 모든 외부 조건이 완벽히 일치해야 합니다. 아무리 비슷한 환경을 조성한다고 해도 사실상 불가능한 일이에요.

암컷 복제묘 시시. 2001년 12월 미국에서 탄생한 세계 최초의 복제 반려동물이다.

게다가 현재 기술로는 정신적인 영역을 복제할 수 없답니다. 영화에서처럼 한 사람의 기억을 다른 사람에게 주입하는 일은 불가능하죠. 복제동물의 성격 역시 유전자의 영향으로 원래 개체와 일부 유사성을 보이겠지만, 세부 특징은 얼마든지 다를 수 있습니다.

장담컨대 복제 업체에서 보내 준 반려동물은 주인을 못 알아볼 거예요. 생전의 반려동물과 겉모습·목소리 등은 꼭 빼닮았지만, 주인과 함께한 기억은 없기 때문이죠. 결국 뇌까지 복제하지 않는 이상 '완벽한 복제란 없다'고 할 수 있습니다. 물론 과학자들은 앞으로 기술이 더 발달한다면 언젠가는 뇌 복제도 실현되리라고 내다보지만요.

구하는 기술인가, 죽이는 기술인가?

생명복제 기술이 식량문제 등을 해결하고 인류 수명을 연장하는 데 중요한 열쇠가 될 수 있음은 분명한 사실입니다. 그러나 이 기술이 여러 분야에서 적극적으로 사용되지 않는 까닭은, 윤리적 문제가 너무 크기 때문이죠. 생명복제의 결과를 명확히 예측할 수 없는 지금, 그 혜택만 기대하기보단 뒤따라올 희생에 대해 진지하게 성찰할 필요가 있어요.

영국 작가 가즈오 이시구로(Kazuo Ishiguro)의 소설 『나를 보내지 마』(2005)를 원작으로 2010년에 제작된 영화 〈네버 렛 미 고〉*Never Let Me Go*는 장기이식을 목적으로 태어나 기숙학교에서 관리되는 복제인간의 이야기를 다룹니다. 영화 끝부분에서 복제인간 주인공(케리 멀리건 분)은 이렇게 말하죠.

> "과연 우리 목숨이 우리가 살린 목숨과 그토록 다를까? 우린 모두 종료된다. 우리 중 그 누구도 자신이 어떻게 살았는지, 과연 충분히 살았는지 이해하지 못할 것이다."

이 말처럼 우리는 복제동물 혹은 복제인간이 지니는 생명의 무게를 생각해 봐야 합니다. 생명을 구하려는 기술에 다른 생명이 희생되는 게 옳은 일일까요? 인류의 미래에 획기적 변화를 가져올 기술인 생명복제, 그것을 발전시키고 활용하는 데 한층 더 신중한 자세가 필요해 보입니다.

☆ 13 ☆
생체 인증, 눈동자와 손끝으로 나를 증명하다

쌍둥이 자매의 놀라운 계획

2018년 9월, 중국 신장웨이우얼자치구 카스에서 쌍둥이 언니를 대신해 운전면허 시험을 치려던 A 씨가 감독관에게 적발돼 퇴장당하는 사건이 있었어요. A 씨는 운전면허 시험에서 두 번이나 불합격한 언니 대신 시험장에 들어갔지만, 지나치게 불안해하는 그의 모습을 수상히 여긴 감독관이 신분증을 요구하며 사건의 실체가 드러났죠. 감독관은 신분증 사진 속 인물의 목에 있는 점이 A 씨에겐 없다는 사실을 발견하고, 추궁한 끝에 실토를 받아 냈습니다. 무엇보다 놀라운 건 A 씨가 신분을 속이고 시험장 입구의 얼굴 인식 시스템을 통과했다는 점이에요. 만약 A 씨가 긴장만 안 했더라면 쌍둥이 자매의 대리 시험 계획은 성공할 수 있었을까요?

과연 쌍둥이의 대리 시험은 가능할까?

'내가 쌍둥이였다면 얼마나 좋을까? 쌍둥이 형제자매가 나 대신 시험을 봐 줄 수 있으니….' 시험공부를 하다가 한 번쯤은 이런 생각을 해 본 적 있지 않나요? 책상 앞에만 앉으면 이상하게도 머릿속에서 엉뚱한 상상이 꼬리를 물잖아요. 그런데 정말 쌍둥이끼리는 대리 시험이 가능할까요? 운전면허 시험을 대신 치르려고 시도한 중국 쌍둥이 자매처럼 말이죠.

쌍둥이는 크게 일란성(一卵性)과 이란성(二卵性)으로 나눌 수 있어요. 이 둘을 구분하는 기준은 바로 '정자와 만난 난자의 개수' 입니다. 임신에 참여한 난자가 1개라면 일란성, 2개라면 이란성으로 불러요.

비슷한 외모를 지닌 쌍둥이.

일란성쌍둥이는 정자 1개와 난자 1개가 만나서 이뤄진 수정란 1개가 성장 도중에 우연히 2개로 분리되며 생겨납니다. 1명으로 자라나야 할 배아가 2개로 나뉜 만큼 부모에게서 받은 유전자가 비슷하죠. 일란성쌍둥이가 성별은 물론이고 생김새까지 거의 똑같이 태어나는 이유예요.

한편 이란성쌍둥이는 2개의 난자가 동시에 배란돼 각각 다른 정자를 만나서 발생하므로, 함께 태어나더라도 나이만 같을 뿐 유전적으로는 다릅니다. 따라서 이란성쌍둥이는 보통의 형제자매와 같은 정도의 외모 차이를 보이며, 성별 또한 서로 다를 수 있어요. 남매 쌍둥이는 십중팔구 이란성쌍둥이죠.

결론적으로 이란성쌍둥이라면 대리 시험을 시도할 생각조차 하기 힘들 거예요. 그러나 흡사한 외모를 지닌 데다 유전자까지 비슷한 일란성쌍둥이라면 이야기가 달라져요. 특히 앞서 본 쌍둥이 자매 사례처럼 신분증이나 얼굴 인식 시스템이 유일한 본인 확인 수단이라면, 쌍둥이의 대리 시험을 적발하기란 더더욱 어려울 수밖에 없습니다.

감독관 눈에 의존하는 시험장

쌍둥이 자매 사건 말고도 본인 확인 절차상의 한계를 악용한 대리 시험 사례는 무척 다양합니다. 2017년 2월 우리나라에서는 의뢰인의 얼굴과 자신의 얼굴을 합성한 사진으로 신분증을 재발급해 토익(TOEIC) 등 어학 시험에 대리 응시한 사람이 붙잡혔죠. 시험 시작 전에 신분증 사진과 응시자의 얼굴을 대조하는 확인 절차가 있긴 하지만, 대리 시험 의뢰인과 자기 얼굴을 합성한 사진을 이용하면 두 사람 가운데 누구라고 해도 크게 어색하지 않다는 점을 악용한 겁니다.

토익 시험장과 마찬가지로 대학수학능력시험(수능) 고사장에서도 수험표와 신분증 사진으로 응시자가 일치하는지를 확인해요.

이 방법 외에 응시자 본인이 맞는지를 즉석에서 가려낼 과학적 수단은 마련되어 있지 않죠. 그 때문일까요? 2005년 6월 대학수학능력시험 모의평가부터 교육부는 본인 확인을 위해 OMR 답안지에 자필로 확인 문구를 작성하도록 했어요. 사람마다 다르게 나타나는 글씨 모양인 '필적'(筆跡, handwriting)을 조사해서 대리 시험 여부를 판단하려는 목적입니다. 관련 연구에 따르면 일란성쌍둥이도 대부분 필적은 다르다고 하거든요.

하지만 이런 조치로도 대리 시험을 완전히 예방하기란 힘들답니다. 부정행위가 의심되는 등의 문제 상황에서만 필적을 확인하기 때문이죠. 사실상 대학수학능력시험 고사장에서조차 대리 시험을 밝혀낼 방법은 감독관이 지닌 '매의 눈'이 유일합니다.

쌍둥이를 구분하는 아주 확실한 방법

신분증 사진이나 필적을 대체할 가장 효과적인 본인 확인 수단은 '생체 정보'예요. 생체 정보란 '얼굴·음성·정맥·지문·홍채 등 인간이 지닌 신체적·행동적 특징과 관련한 측정 항목'을 말하죠. 모든 사람은 타인과 구별되는 고유한 생체 정보를 지녔어요. 그래서 이를 활용하면 일란성쌍둥이도 구분해 낼 수 있답니다.

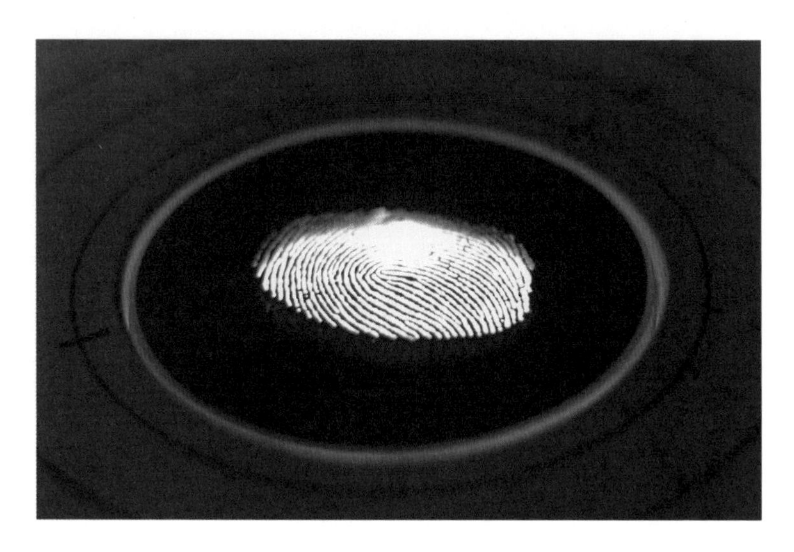

곳곳에서 활용되는 생체 정보인 지문.

일란성쌍둥이는 유전자까지 거의 똑같은데 어떻게 구분하냐고요? 쉽게 말해 유전자는 '인체의 설계도'예요. 하나의 설계도로 집을 짓더라도 공사가 진행되며 세면대 위치나 타일 모양 등에 차이가 생길 수 있는 것처럼, 유전자가 같더라도 신체 발달 과정에서 생체 정보는 달라지게 마련입니다.

가장 널리 쓰이는 생체 정보인 지문을 한번 예로 들어 볼게요. 임신 후 10주가량이 지나면 태아의 손가락과 손발바닥 앞엔 '볼러 패드'(volar pad)라는 매끈한 판이 생겨납니다. 그 뒤에도 태아의 손발 피부층이 계속 자라기 때문에 결국 볼러 패드는 피부로 서서히 흡수되죠. 이 과정에서 남는 게 바로 지문이에요.

볼러 패드가 흡수되면서 나타나는 융선(지문의 곡선)의 간격과 크기는 유전적으로 정해지지만, 각각의 정확한 위치는 피부 곳곳에 작용하는 불특정한 힘의 영향을 받습니다. 아무리 똑같은 유전자를 지닌 일란성쌍둥이라도 발육 속도에서 각각 차이를 보이고, 피부가 받는 압력도 저마다 다르므로 지문 모양은 서로 다르죠.

우리 눈의 동공으로 들어오는 빛의 양을 조절하는 홍채도 개개인을 구별 짓는 주요한 특성 가운데 하나예요. 홍채를 확대하면 여러 색깔의 동심원 모양이나 빗살무늬 등을 볼 수 있는데, 그 모양과 무늬는 생후 6개월부터 만들어져서 약 18개월 때 완성된 뒤 평생 거의 변하지 않습니다.

무늬를 이루는 요소는 200개에 이르고, 사람마다 오른눈과 왼눈의 모양도 서로 다르므로 이를 조합해 나올 수 있는 홍채의 종류는 무한대에 가까워요. 다른 사람과 홍채 무늬가 아예 똑같을 확률은 무려 10^{78}분의 1에 불과하죠. 우주 전체의 원자 개수를 10^{78}개로 추정한다고 하니, 똑같은 홍채를 찾는 것보단 우주에서 떨어뜨린 바늘을 찾는 게 쉬울 거예요.

그래서일까요? 2019년 1월부터 전국의 지방병무청은 정확한 신분 확인을 위해 홍채 인식기를 도입해서 병역판정검사를 진행하고 있답니다. 아무리 일란성쌍둥이라도 대신 군대에 갈 수는 없을 듯해요.

정보 보안의 새로운 열쇠, 생체 인증

이처럼 신분을 인증하는 새로운 수단으로 떠오른 생체 정보는 정보 보안 분야에서 커다란 변화를 일으키고 있어요. 일반적으로 컴퓨터네트워크 등에서 허가받은 사용자만 정보에 접근하도록 허용하는 '인증 시스템'의 유형은 증명 기반에 따라 다음의 네 가지로 구분되죠.

구분	증명 기반	종류
유형 1	지식 기반 (Something you know)	개인 식별 번호, 비밀번호 등
유형 2	소유 기반 (Something you have)	보안 토큰, 스마트카드 등
유형 3	존재 기반 (Something you are)	얼굴, 정맥, 지문, 홍채 등
유형 4	행동 기반 (Something you do)	걸음걸이, 음성, 필적 등

그 가운데 유형 3·4를 통틀어 '생체 인증'(biometrics)이라 부릅니다. 기술 발전에 따라 신뢰성이 높아지며 최근엔 각종 전자기기와 온오프라인 서비스에 생체 인증이 널리 활용돼요. 비로소 우리 몸이 곧 비밀번호인 시대가 온 셈이죠. 생체 인증을 이용하면 도용 위험이 낮아지고 보안이 강화되는 건 물론, 웹사이트마다 다르게

설정한 비밀번호와 아이디를 일일이 기억하기 위해 애쓰지 않아도 된답니다.

유형 3인 '존재 기반 인증'은 오늘날엔 주로 도어록·스마트폰 등 터치가 가능한 기기에서 지문을 인식하거나, 카메라가 달린 기기에서 얼굴·홍채를 인식하는 방식으로 이뤄져요. 한편 유형 4인 '행동 기반 인증'은 비교적 새로운 기술로, 아직은 인간과 로봇을 구분하기 위해 쓰이는 수준이죠. 현재는 스팸 광고나 승인되지 않은 로그인 시도를 걸러 내는 데 이용되고요. 앞으로는 마우스를 움직이는 방식이나 타자 속도, 휴대전화를 손에 쥐는 각도 등 다양한 행동 정보가 인증 수단으로 활용될 전망입니다.

최근 들어 생체 인증 기술은 일상생활 영역에 점점 깊숙이 자리 잡고 있습니다. 스마트폰에서 얼굴·지문·홍채 인식 등으로 결제하거나, 앱을 설치하거나, 잠금화면을 해제할 수 있게 된 지는 이미 오래죠.

금융업계에선 지문·홍채 인식 등을 통한 모바일결제 시스템은 물론이고, 계좌에서 돈을 찾을 때 고객의 얼굴을 자동으로 인식하는 현금자동입출금기(ATM)까지 도입했어요. 공항에선 신분증 없이 정맥·지문 인증 기기에 손만 갖다 대면 국내선 여객기 탑승이 가능하며, 지문 인식으로 자동차 문을 열어 시동까지 거는 스마트키도 등장했답니다.

생체 인증이 우리에게 남긴 숙제

그런데 생체 인증은 보안을 완벽히 책임질 수 있을까요? 현재 사용되는 지문 인증 방식은 혈관까지 조사하는 정맥 인증이 아닌 이상 실리콘으로 된 손가락 복제본으로도 통과할 수 있어요. 지문 인증보다 훨씬 안전한 수단으로 여겨지는 홍채 인증 역시, 다른 사람의 홍채를 촬영한 뒤 레이저프린터로 출력해서 만든 콘택트렌즈를 부착하는 방법으로 통과한 사례가 있고요.

음성 인증도 철통 보안을 보장하지는 않아요. 2017년 5월 영국에선 BBC 기자가 그의 일란성쌍둥이 형제와 함께 서로의 목소리를 흉내 내어 음성 인증에 성공하며 화제를 모았어요. 이보다 한 달 전에는 '유튜브 등을 통해 무작위로 추출해서 만든 5분가량의 가짜 목소리로도 80% 넘는 음성 보안 소프트웨어가 뚫렸다'는 미국 연구진의 발표를 인용한 영국 주간지 《이코노미스트》*The Economist*의 보도 또한 있었습니다. 게다가 인공지능 등의 발달과 더불어 나날이 분장술·성형술이 발전하는 점을 고려하면, 생체 인증이 보안에 완벽하다고 보긴 어려울 듯해요.

기술적인 보안 문제는 연구개발로 보완할 수 있겠지만, 우리에겐 생체 인증을 둘러싼 윤리적 문제가 여전히 남아 있어요. 생체 정보는 전화번호나 주소처럼 쉽게 바꿀 수 없으므로 한번 유출되면 상당한 피해와 심각한 신뢰 문제를 일으키죠. 더 나아가 특정 세력이 생체 정보를 독점적으로 확보해서 악용할 가능성도 무시할 수는 없답니다. 지속적인 연구를 통한 기술적 보완도 중요하지만, 이에 걸맞은 윤리 의식 또한 확립돼야 하는 시점이에요.

☆ 14 ☆

남성과 여성, 그 너머의 이야기

27년 만에 알게 된 진짜 성

2018년 11월, 중국 후난성 샹탄에서 27년 동안 여성으로 살아온 사람의 진짜 성이 '남성'이었다는 소식이 전해졌습니다. 결혼한 지 1년이 지났는데도 임신이 되지 않은 샤오후이는 병원을 방문해서 정밀검사를 받았어요. 놀랍게도 검진 결과는 샤오후이가 XX가 아니라 XY, 즉 남성에 해당하는 성염색체를 지닌 것으로 나타났죠. 이후 더 큰 병원을 찾아가서 또다시 검사받았지만, 결과는 똑같았습니다. 샤오후이는 의료진에게 "내 몸은 분명 여자인데 어떻게 남자일 수 있냐"며 호소했다고 해요. 과연 샤오후이에게는 무슨 일이 일어난 걸까요?

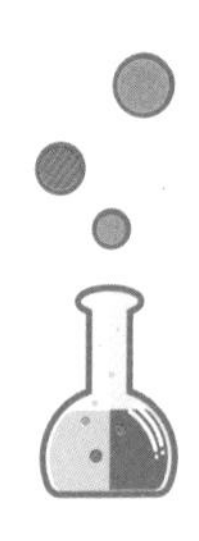

남자와 여자를 구분하는 기준

우리는 일반적으로 성염색체가 XX면 여자, XY면 남자라고 말합니다. 성염색체를 제대로 이해하기 위해서는 염색체가 뭔지부터 알아야겠죠? 우리 몸을 구성하는 모든 세포엔 핵이 있어요. 그 안에는 유전물질인 DNA가 들었습니다. 원래 핵 속에 실처럼 풀어진 채로 있던 DNA는 세포분열이 일어날 때 엉키고 뭉쳐서 유전물질 덩어리가 되죠. DNA 덩어리는 실험용 염색약으로 물들였을 때 쉽게 관찰된다고 해서 '염색체'로 불립니다.

대개 인간은 세포핵 속에 염색체를 23쌍, 즉 46개씩 지녀요. 이 가운데 22쌍은 남녀가 공통으로 지니지만, 마지막 1쌍의 염색체는 성별에 따라 다르죠. 그 1쌍이 성별을 결정하는 '성염색체'예요.

인간의 성염색체는 X염색체와 Y염색체로 두 종류입니다. 일반적으로 여자는 X를 둘 지니고, 남자는 X·Y를 하나씩 지니죠. 따라서 흔히 여자의 성염색체를 XX, 남자의 성염색체를 XY로 나타냅니다.

하지만 모든 사람이 1쌍(2개)의 성염색체를 지니진 않습니다. 400~1,000명 가운데 1명꼴로 단일 성염색체(XO) 혹은 3개 이상의 성염색체(XXX·XXY·XXYY 등)를 지니고 태어나죠. 정자·난자가 제대로 분열 못 했거나, 부모 성염색체의 개수 또는 구조가 일반적이지 않을 때 그런 자녀를 낳게 돼요.

이 경우 자녀는 성장하며 이차성징이 안 나타나거나 불임이 발생하는 등의 문제를 겪을 가능성이 크지만, 성별에 따른 외부생식기는 대부분 정상적으로 발달해요. 따라서 염색체의 개수가 몇 개든 표면상으로 성별을 구분하는 데는 문제가 없죠.

XY 여자, XX 남자가 생겨나는 까닭

그러나 앞서 사례로 살펴봤듯 샤오후이[小慧]는 염색체 XY를 지니고 태어났는데 여성의 몸을 갖췄습니다. 유전자상으로는 남성이 맞지만 얼굴 생김새나 외부생식기, 체형 등이 여자처럼 발달했기에 샤오후이는 스스로 여성이라고 확신하며 살아왔어요. 하지만 검사 결과 나팔관·자궁 등 내부생식기가 완벽히 발달하지 않아서 임신할 수 없다는 사실이 밝혀졌죠. 대체 어떻게 된 일일까요?

이처럼 염색체 XY를 지닌 여자, 혹은 염색체 XX를 지닌 남자는 대개 유전자 발현 과정의 오류 때문에 생겨납니다. 인간의 염색체 성별은 정자·난자가 만나는 수정의 순간에 결정되지만, 성별에 따라 생식기관이 만들어지는 일은 태아가 엄마의 배 속에서 성장하며 일어나죠. 그때 결정적인 역할을 하는 게 'SRY(Sex-determining Region Y) 유전자'인데, 여기서 중요한 점은 SRY 유전자가 Y염색체에 있다는 사실입니다. 즉 남성만 SRY 유전자를 지닌다는 거예요.

임신 후 8주가 지나면 태아의 몸에선 남성생식기관·여성생식기관의 기초적 형태가 성별과 관계없이 모두 나타나기 시작해요. 그 뒤 남자아이는 Y염색체의 SRY 유전자가 발현하며 남성생식기관이 발달하고, 여성생식기관은 퇴화하죠. 여자아이는 SRY 유전자가 없어서 남성생식기관이 더 형성되지 못한 채 사라지며, 여성생식기관만 발달하고요. 한마디로 태아는 SRY 유전자가 발현하면 남성생식기관을 갖추고, 발현하지 않으면 여성생식기관을 지닙니다.

하지만 염색체 XY를 지닌 태아에게서 SRY 유전자가 제대로 발현하지 않는다면, 이 아이는 여성생식기관을 갖춘 채로 태어날 수 있어요. 그리고 생식기관에서 에스트로겐(estrogen)이 분비됨에 따라, 자라나며 얼굴 생김새나 체형이 여자처럼 발달하겠죠.

남성과 여성, 이분법으로 구분하기엔 예외 사례가 상당한 생물학적 성.
하지만 대다수 나라에서 법적 성별은 남녀, 두 가지뿐이다.

이와 반대로 염색체 XX를 지녔지만 남성생식기관을 갖추고 태어난 아이라면, 수정이 일어나기 전 아빠의 정자가 만들어지는 과정에서 Y염색체에 존재하던 SRY 유전자가 우연히 떨어져 나와 X염색체로 끼어들었을 확률이 높습니다. 그 경우 아이는 염색체상으로는 여성이지만, 주변 사람은 물론이고 본인조차도 스스로 남성으로 여기며 성장할 거예요.

하지만 이렇게 태어난 사람은 내부생식기까지 완전히 갖추진 않았을 가능성이 큽니다. 샤오후이처럼 '여자인데도 여성은 아닌' 사례로 뒤늦게 밝혀지는 일이 생기는 이유죠.

남성도 여성도 아닌 제3의 성

그처럼 유전자 문제 때문에 신체의 성적 특징이 남성·여성의 전형성을 띠지 않는 사람들을 가리켜 '간성'(間性, intersex)이라고 부릅니다. 전문가들은 '많게는 세계 인구의 1.7%가 간성으로 태어난다'고 추정해요. 이는 결코 적은 수가 아니지만, 아직 대다수 나라에서 간성에 대한 사회적·법적 논의가 이뤄지지 않고 있죠. 그래서 간성인 사람들은 자신의 생물학적 성이 외부에 알려질 때마다 사회생활에 어려움을 겪거나 제도적 한계에 부딪히곤 합니다.

대표적인 예로 남아프리카공화국의 육상선수 캐스터 세메냐(Caster Semenya)는 간성이란 이유로 경기 출전 때마다 논란에 휩싸였습니다. 세메냐는 여성의 외형을 지녔고 평생을 여성으로서 살아왔지만, 완전한 생물학적 여성으로 판정받진 못했어요. 남성생식기관과 여성생식기관을 모두 일부분씩 지녔기 때문이죠. 하지만 이 덕분에 세메냐는 테스토스테론(testosterone)이 일반 여성보다 활발히 분비돼서 뛰어난 운동 실력을 갖출 수 있었답니다.

그런데 2018년 4월 국제육상경기연맹(IAAF)은 '선천적으로 테스토스테론 분비량이 많은 여자 선수는 국제 대회 개막 6개월 전부터 약물 처방을 받아 테스토스테론 수치를 일정 수준 아래로 떨어뜨리거나, 아예 남자 선수와 경쟁해야 한다'는 규정을 발표했어요.

테스토스테론 수치가 일반 여성보다 3배 이상 높은 세메냐는 그 규정 때문에 피임약 등을 먹어서 인위적으로 수치를 떨어뜨려야만 경기에 출전할 수 있게 됐죠.

세메냐는 국제육상경기연맹의 새 규정이 부당하다며 스포츠중재재판소(CAS)에 소송을 제기했고, 2019년 2월 스위스 로잔에서 열린 닷새간의 재판에 출석했습니다. 스포츠중재재판소에서 세메냐는 이렇게 호소했어요.

> "나는 세메냐다. 세메냐 그대로의 모습으로 달리고 싶은 육상선수 캐스터 세메냐다. 나는 여성이다. 단지 다른 여성보다 빨리 달릴 뿐이다."

현재까지 많은 나라에선 간성 아기가 태어나면 의료진의 판단과 부모의 결정에 따라 강제로 아이의 한쪽 성을 택해 이른바 '정상화 수술'(normalization surgery)이라고 부르는 생식기 성형술을 진행합니다. 이후 호르몬을 투여해서 아이가 남성 또는 여성으로 자라나게끔 유도하죠.

문제는 그런 외과적 수술이 무척 위험하고 부작용을 일으킬 확률도 높다는 점이에요. 또 이때 지정된 성별이 아이가 성장하면서 스스로 깨닫는 성별과 다를 가능성도 있습니다.

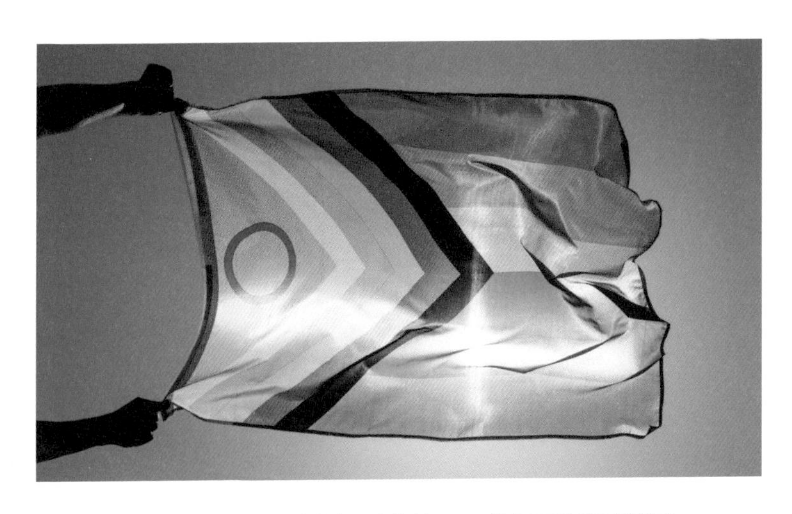

성소수자의 자긍심을 나타내는 깃발인 '프로그레시브 프라이드 플래그'.
가장 왼쪽에 있는 '노란 바탕의 보랏빛 원'은 간성의 상징이다.

간성 아기들 가운데는 생명을 살리기 위해 즉시 수술이 필요한 사례도 간혹 있지만, 아무런 외과적 수술 없이도 건강히 자랄 수 있는 경우가 훨씬 많아요. 그래서 최근엔 '영유아기에 강제로 수술하지 말고, 아동이 성장해 스스로 원하는 성을 결정할 때까지 차분히 기다려야 한다'는 목소리가 커지고 있죠.

2013년 2월 유엔특별보고관은 보고서를 통해 '간성 아기에게 행하는 외과적 수술은 돌이킬 수 없고, 비자발적이며, 합의 없이 이뤄진 의료 행위로 유엔고문방지협약(UNCAT)에서 금지하는 고문에 해당한다'고 지적했답니다. 유엔특별보고관은 간성 인권 단체를 초대해서 증언을 듣는 등의 조사 활동을 벌인 끝에 이런 결론을 내렸어요. 해당 보고서에서 그는 '자기 동의 없는 성 지정·할당 수술은 의학적으로 필요한 게 아니며 당사자에게 고통과 상처, 성적 감각의 상실, 실금(대소변을 참지 못하고 쌈), 우울증 등의 부작용을 일으킬 수 있다'고 설명했습니다.

생물학적 성을 둘로 나눌 수 있을까?

이제 사회적 성, 즉 '젠더'(gender)의 개념이 강조되면서 여러 성정체성이 고루 인정받는 추세예요. 그러나 생물학적 성은 여전히 남성과 여성으로 나뉘는 이분법적 분류에 머물고 있죠. 우리가 간과하는 건, 사회적 성만큼이나 생물학적 성도 다양하다는 점입니다. 앞서 살펴봤듯 생물학적으로 남성과 여성을 구분할 때 예외가 충분히 발생할 수 있기 때문이에요.

80억 세계 인구의 1.7%를 차지하는 간성. 지구상엔 우리나라 인구의 2배 이상이 간성으로 태어나 살아가죠. 캐스터 세메냐는 말합니다. "내가 여성이라는 걸, 내 일생 증명해 왔다. 그런데 국제육상경기연맹은 나를 실험용 쥐로 만들려고 했다. 국제육상경기연맹이 나와 내 몸을 실험용 쥐처럼 활용하는 걸 허용하지 않겠다. 나는 신이 준 몸 그대로 달리고 싶다."라고요.

2016년 리우데자네이루올림픽에서 육상 여자 800m 종목에 출전한 캐스터 세메냐.
1분 55초 28의 기록으로 금메달을 거머쥐었다.

여전히 누군가는 간성과 같은 사례가 '자연의 질서'에 어긋나므로 의학적인 처치를 통해 바로잡아야 한다고 말해요. 하지만 어쩌면 이들이 말하는 자연의 질서야말로 인간의 언어로 딱 떨어지게 정의할 수 없는 폭넓은 형태인 건 아닐까요? 사회가 규정해 놓은 틀에 맞게 개인의 고유한 신체를 바꾸라고 강요하기보단, 각자가 저마다 지닌 다양성을 '존재하는 모습 그대로' 받아들이고 존중하는 것이야말로 자연의 질서에 어울리는 태도가 아닐지 생각해 볼 때입니다.

☆ 15 ☆

노화를 극복한 미래를 꿈꾸다

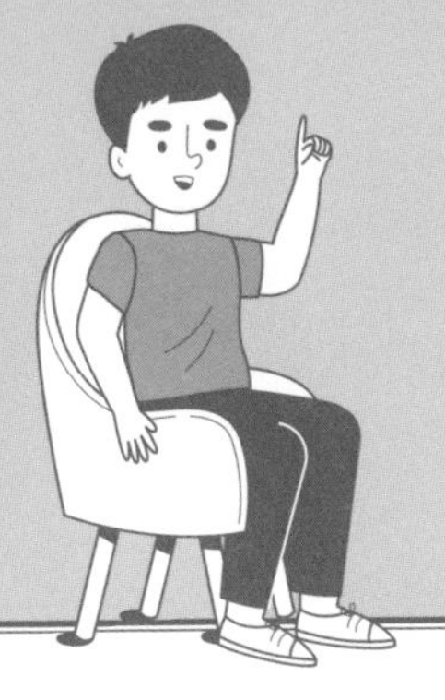

나이 든 쥐의 기억력이 되살아났다!

2022년 5월, 미국 연구진은 아주 놀라운 실험 결과를 발표했어요. 나이 든 쥐에게 젊은 쥐의 뇌척수액을 주입하자 기억력이 개선됐다는 것이죠. 연구진은 '젊은 쥐의 뇌척수액 속 단백질이 나이 든 쥐의 신경세포에 영향을 줘서 기억력이 향상했다'고 실험 결과를 설명했습니다. 사람들은 이번 연구가 노화에 따른 기억력 감퇴와 치매 치료에 획기적 변화를 일으킬 것으로 기대해요. 그런데 우리는 왜 늙는 걸까요? 노화를 피해 갈 수는 없을까요?

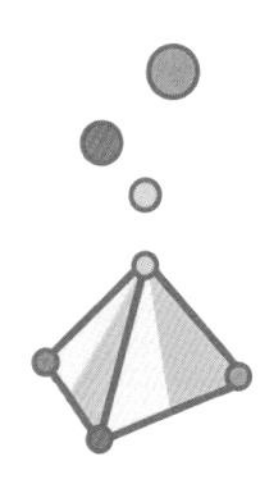

생체시계를 되돌릴 수 있다면?

사람 피를 빨아 먹는다는 흡혈귀는 소설·영화뿐만 아니라 각종 게임과 웹툰 등에 단골 소재로 등장하는 존재입니다. 이들은 인간과 달리 늙거나 죽지 않죠. 흡혈귀가 젊음을 유지하는 건 소설이어서 가능한 얘기 아니냐고요? 하지만 현실에서도 피, 그중에서도 젊은 개체의 혈액을 이용해 노화를 방지하려는 시도가 이뤄지고 있습니다.

2005년 미국 연구진은 늙은 쥐와 젊은 쥐의 혈관을 연결해 혈액 및 일부 기관을 공유하게 했어요. 두 쥐의 몸 일부분을 이어 붙여서 결합 쌍둥이처럼 만든 것이죠. 너무 징그럽다고요? 하지만 실험 결과는 놀라웠습니다. 늙은 쥐의 근육조직과 뇌세포가 젊어진 것으로 나타났거든요. 2016년엔 혈관을 공유하지 않고 단순히 젊은 쥐의 피를 늙은 쥐에게 수혈했더니 근육조직에서 이전과 비슷한 결과를 얻었죠.

한편 2014년과 2017년엔 늙은 쥐에게 젊은 쥐의 혈장을 주입해 봤습니다. 늙은 쥐는 두 차례의 실험에서 모두 혈장을 주입받은 뒤 기억력과 학습 능력이 좋아졌어요. 그에 관해 연구진은 기억을 담당하는 뇌 부위인 해마체에 신경세포가 새로 생긴 결과라고 분석했죠. 이들은 사람에게도 비슷한 실험을 진행했습니다. 나이 든 알츠하이머병(노인성치매) 환자 18명에게 10~30대 청(소)년의 혈장을 주입한 거예요. 그 결과 알츠하이머병 환자들은 쇼핑하거나 식사를 준비할 정도로 일상생활 능력이 향상했답니다.

젊은 피를 이용해 노화를 되돌렸다는 연구 결과가 잇따르자 이와 관련한 사업을 펼치는 회사도 등장했어요. 2016년 설립된 미국의 생명공학 기술 회사인 앰브로지어(Ambrosia)가 대표적이죠. 그들은 열여섯 살부터 스물다섯 살에 이르는 건강한 청(소)년에게서 혈액을 공급받아, 약 150명의 참가자에게 혈장을 주입하는 사업에 착수했습니다.

노화를 늦추거나 되돌리길 원하는 참가자의 나이는 서른다섯 살부터 아흔두 살까지 다양했으며 혈장 1L당 1,100만 원에 이르는 비싼 비용에도 세계 각지에서 대기자가 몰렸다고 해요. 회사 측은 혈장 주입 이후 참가자들의 기억력·집중력이 좋아졌으며, 수면의 질까지 개선되는 등 매우 긍정적인 결과를 얻었다고 밝혔죠.

고쳐야 할 질병일까, 자연스러운 변화일까?

그런데 우리는 왜 늙을까요? 현재까지 드러난 노화 요인은 무척 많습니다. 건강한 세포에 염증을 일으키는 좀비 같은 노화 세포가 축적되면서, DNA를 보호하는 텔로미어(telomere)가 시간 흐름에 따라 점점 짧아지면서, 어떤 유전자를 켜고 끌지를 조절하는 기능에 변화가 생기면서, 에너지 생성과 호흡에 관여하는 미토콘드리아가 잘 기능하지 않게 되면서, 여러 종류의 세포로 성장·발달할 수 있는 줄기세포가 줄어들면서, 환경 때문에 DNA가 손상되면서 등등이 원인으로 꼽히죠. 노화 요인이 다양하고 또 새로운 발견이 계속되는 만큼, 노화를 바라보는 관점도 제각각이에요.

지금껏 주류 의학계에선 노화를 생명 주기(life cycle)의 일부로 여겼습니다. 노화를 생명체의 성장과 발달에 이어 나타나는 자연스러운 '변화' 과정으로 본 것이죠. 그래서 의사들은 노화 자체를 극복하려 애쓰기보단 신체가 약해짐에 따라 일어나는 관절염·심혈관계질환·치매 등을 치료하는 데 집중했어요.

하지만 생물학에서는 노화를 약간 다르게 인식합니다. 이 관점에 따르면, 노화는 신체 장기가 쇠퇴해 질병을 불러일으켜서 죽음에까지 이르는 '퇴화' 과정이죠. 생명 활동을 하는 데 필요한 단백질과 DNA에 손상이 생기는 등 부정적인 변화가 몸속에 쌓여 간다는 뜻이에요.

최근엔 거기서 한 걸음 더 나아간 관점이 등장했어요. 미국 하버드대의 유전학 교수인 데이비드 A. 싱클레어(David A. Sinclair)가 2019년 『노화의 종말』*Lifespan: Why We Age—and Why We Don't Have To*을 통해 노화를 '질병'이라 주장하고 나섰거든요. 적절한 치료법만 찾는다면, 노화도 감기와 같은 질병처럼 고칠 수 있다면서요.

이런 시각에 힘이 실리고 있던 걸까요? 2022년 1월 1일부터 시행되는 세계보건기구의 국제 질병 분류 제11차 개정판(ICD-11)에서 '노쇠'(senility)라는 진단을 '노화'(old age)로 대체하고, 관련한 질병 코드에 '병리적'(pathological)이라는 단어가 포함될 것이란 소문이 돌았습니다. 그렇게 된다면 노화 자체를 진단을 내리고 치료를 계획할 수 있는 질병으로 인정하는 셈이었죠.

하지만 결과적으로 노화는 '질병'으로 분류되지 않았답니다. 노화를 공식적인 질병으로 분류하게 되면 코로나19로 촉발된 연령차별(ageism)이 심화할 수 있다는 의견이 강력하게 제기됐기 때문입니다.

특명, 노화를 멈추고 되돌려라!

이처럼 노화를 둘러싼 여러 논란에도 불구하고, 많은 과학자는 늙음을 늦추고 더 나아가선 치료하기 위해 연구 중이에요. 앞서 사례로 소개한 것처럼, 늙은 쥐에게 젊은 쥐의 뇌척수액을 주입해 뇌 기능을 회복시킨 실험이 대표적이죠.

심지어 똥을 활용한 연구도 있습니다. 똥에 있는 장내 미생물군은 면역력 강화에 상당한 영향을 주거든요. 아일랜드 연구진은 똥 속 장내 미생물군이 노화를 방지할 수 있는지를 알아보기 위해 실험을 진행했죠. 일주일에 두 차례씩 연구진은 늙은 쥐에게 젊은 쥐의 똥을 먹이 튜브를 통해 투여했습니다. 그 결과 '젊은 똥'을 받아먹은 늙은 쥐의 장내 미생물군이 젊은 쥐의 것과 비슷해진 데다, 종류도 다양해졌어요. 놀라운 점은 이때, 늙은 쥐의 뇌 해마체 역시 젊은 쥐처럼 기능이 향상했다는 거예요. 똥 먹은 늙은 쥐 그룹은 평범한 늙은 쥐 그룹보다 미로를 더 빨리 탈출하고, 한번 가 본 경로를 더 빨리 기억해 냈답니다.

그 밖에도 노화와 적게 먹는 식습관의 관계를 밝히거나, 유전자 발현을 조절하는 특정 단백질을 체내에 주입해 세포를 젊게 만드는 신기술을 개발하는 등 여러 방면에서 관련 연구가 이뤄지고 있어요. 과학자들은 몇몇 동물의 생체 작동 원리에서 노화 치료의 단서를 찾기도 하죠. 뇌와 심장이 손상돼도 완벽히 재생 가능한 아홀로틀, 큰 병을 앓지 않고 오래 살기로 유명한 벌거숭이뻐드렁니쥐 등이 주요 연구 대상이에요.

약물 연구도 빼놓을 수 없습니다. 오늘날 당뇨병 치료제로 사용되는 메트포르민(metformin), 면역억제제로 쓰이는 시롤리무스(sirolimus) 등의 약물에서 노화 방지 효과가 발견되며 임상 연구가 진행 중이죠. 2021년 10월엔 필로카르핀(pilocarpine) 성분의 안약인 뷰이티(Vuity)가 최초의 노안 치료제로 미국식품의약국 승인을 받았어요. 노화 관련 의약품 시장은 앞으로도 계속 커질 전망입니다.

아직은 갈 길이 먼 노화 치료

하지만 노화 치료가 보편화하려면 시간이 더 필요해 보여요. 많은 노화 연구의 실험적 증거가 충분치 않고, 안전성도 제대로 검증되지 않았거든요. 앞서 혈장 주입으로 노화를 치료했다는 임상 연구를 소개했죠? 일각에선 이 연구 결과 또한 불확실하다는 의혹이 제기됐습니다. 젊은이의 혈장이 나이 든 사람의 피에 섞이면서 노화 관련 물질이 희석되어, 단순히 농도가 낮게 나타났을 뿐이라는 지적이에요.

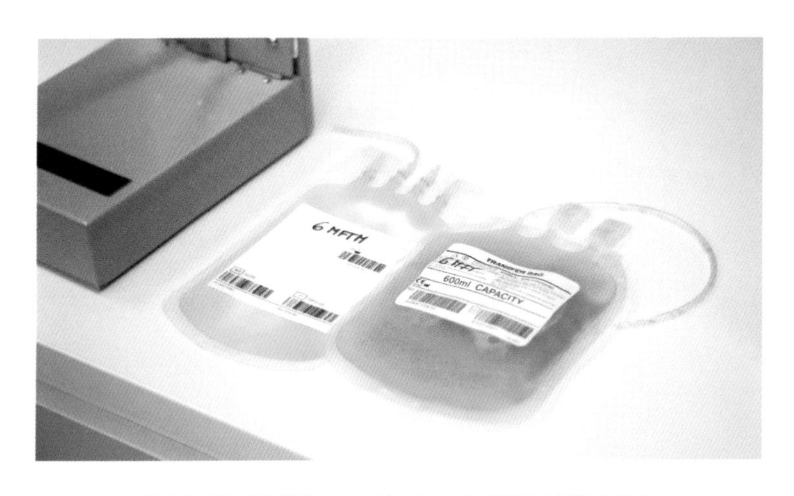

혈액에서 분리된 혈장. 92%의 물과 8%의 단백질로 이뤄져 있다.

수혈 방식은 부작용도 커요. 아무리 사전검사를 거친다고 해도 각종 감염과 심혈관계질환·알레르기질환·호흡기질환 등을 유발하는 요인이 피를 통해 전파될 가능성이 있으니까요. 젊은이의 혈장을 주입해 줄기세포를 활성화하려는 시도 역시 위험할 수 있습니다. 줄기세포가 과도하게 증식해서 되레 암 발생 확률이 높아질 우려가 있거든요. 게다가 현재로선 노화 예방을 위해 얼마큼의 혈액을 투여해야 하는지조차 알 수 없고요.

이런 위험성 때문에 2019년 2월 미국식품의약국은 노화 방지 목적의 혈장 주입을 피하라고 강력히 경고했습니다. 그에 따라 젊어지려는 사람들을 상대로 혈장 주입 사업을 펼치던 회사인 앰브로지아도 결국 공식적으로 '노화 치료'를 중단할 수밖에 없었죠.

뇌척수액을 이용한 노화 치료도 사람에게 적용하기 힘들긴 마찬가지예요. 연구진은 쥐의 뇌에 다른 쥐의 뇌척수액을 주입하는 기술을 완성하는 데만 1년 넘게 걸렸습니다. 오염 없이 순수한 뇌척수액을 얻는 일이 무척 어려웠기 때문이죠. 이처럼 다른 기술과 약물 또한 인체에 적용하려면 안전성 확보가 검증돼야 해요. 그렇지 않으면 회춘을 꿈꾸다가 영원히 회생하지 못할 수 있습니다.

늙음을 정복한 미래 모습은?

안전한 노화 치료법이 마련되고 사람들의 수명이 늘어난다면 장밋빛 미래가 펼쳐질까요? 노화를 극복한 뒤 장수하게 된 미래 사회의 모습은 오히려 어두울 수 있어요. 가장 먼저 국민연금 등 노년의 삶을 보장하기 위한 사회보장제도를 유지하는 데 어려움이 생길 우려가 있죠. 발달한 기술과 약물에 돈을 쓸 여유가 있는 이들은 오래 살고, 가난한 사람들은 쉬이 늙는 양극화가 심해질 수도 있고요.

수명의 양극화가 심해지다 보면 인간을 생명 연장의 수단으로 여기는 극악무도한 범죄가 일어날 가능성도 있습니다. 극단적인 예로 1611년에 종신 금고형을 선고받은 헝가리왕국의 바토리 에르제베트(Báthori Erzsébet)를 들 수 있죠.

노인층에서 더 두드러지게 나타나는 경제적 양극화.

1590부터 1610년까지 그는 최소 80명에서 최대 650명의 젊은 여성을 잡아다가 이들의 피를 마시거나 목욕물로 쓰는 등 괴기한 연쇄살인 범죄를 저질렀어요. 왜냐고요? 젊은 여자의 피를 이용하면 노화를 막고, 자신의 미모를 유지할 수 있다고 '믿었기' 때문이에요. 결국 바토리는 '피의 백작부인'(The Blood Countess), '드라큘라 백작부인'(Countess Dracula)으로 불리며 흡혈귀 전설의 모델이 됐답니다.

최근엔 자기 나라를 벗어나, 의료관광을 다니며 노화를 방지하려는 목적으로 유전자치료를 받는 사람들도 있습니다. 그들이 굳이 타국으로 향하는 까닭은 기술 발달에 비해 법적 규제가 너무

많다고 여기기 때문이죠. 이미 돈 있는 사람들은 그들이 믿는 방식으로 노화를 치료하기 시작했어요.

물론 미래 사회에 어두운 면만 있진 않을 겁니다. 노화를 정복한다면 연령 차별은 줄어들 수 있거든요. 누가 늙었는지를 구별할 수 없기 때문이죠.

2017년에 우리나라는 예순다섯 살 이상 인구수가 전체 인구의 14%를 넘어서며 고령사회로 진입했습니다. 노령 세대를 부양해야 한다는 젊은 세대의 부담이 커지던 그때, 청년층의 노인 대상 혐오도 증가하기 시작했어요. 2019년 온라인 댓글에 나타난 '노인에 대한 이미지'를 조사한 결과를 보면 '힘든', '무식한', '나쁜', '무서운', '힘없는', '아픈', '이상한' 등의 형용사가 특히 두드러지게 표현됐다고 하죠. 이는 모두 분노 또는 연민에 해당하는 부정적 감정이 내포된 거예요. 노화를 고치거나 지연시킬 수 있게 된다면 그런 현상은 분명 감소할 겁니다.

영원한 젊음보단 '건강한 노화'로!

당장 우리가 영생을 누리진 못해도, 젊음을 유지할 과학적 방법은 이미 있어요. 바로 누구나 잘 알지만 지키긴 어려운 '규칙적인 식사, 적절한 운동, 충분한 수면'이죠. 그리고 또 하나! '노화를 바라보는 긍정적 사고'입니다.

1981년 가을, 미국 하버드대의 심리학 교수인 엘런 랭어(Ellen J. Langer)는 70대 남성 8명을 모아서 실험을 진행했습니다. 시골의 한적한 수도원을 22년 전의 공간으로 꾸민 다음, 참가자들에게 오래된 라디오로 미식축구 경기 중계를 듣고 흑백 TV로 당시 개봉한 영화인 〈살인의 해부〉*Anatomy of a Murder*를 시청하며 마치 1959년인 것처럼 살도록 한 거예요. 5일 뒤, 실험에 참여한 노인들은 모두 기억력과 청력이 향상했고 걸음걸이와 자세가 좋아졌으며 몸무게가 늘었고 키까지 자랐답니다.

한편 미국 예일대의 심리학 교수인 베카 레비(Becca R. Levy)는 50대 이상 남녀 660명을 대상으로 설문조사를 진행한 다음, 23년 뒤 추적조사를 진행했어요. 설문 내용은 '당신은 사람이 늙어 갈수록 쓸모없어진다는 명제에 동의합니까?'였죠. 동의한 사람은 노화를 부정적으로 생각하는 쪽으로, 동의하지 않은 사람은 노화를 긍정적으로 여기는 쪽으로 분류했고요. 23년이 흐른 뒤 추적조사의 결과는 놀라웠습니다. 노화를 긍정적으로 여긴 사람들이 부정적으로 생각한 사람들보다 평균 7.5년을 더 살았거든요. 건강 상태나 사회적·경제적 지위, 외로움 수준 등을 통제하고 살펴봐도 결과는 똑같았죠. 결국 사고방식이 수명에 영향을 준 거예요.

지금도 '100세 시대'라는 말이 나오지만, 앞으로 인류의 수명은 더 늘어날 겁니다. 노화를 막고 치료하는 기술이 발전해서 언젠간 불로장생이 가능할지도 모르죠.

그러나 노화 치료를 위한 기술 연구에 막대한 돈을 투자하는 것만이 능사는 아니에요. 노화를 무조건 부정적으로 여기는 시선과 사고방식부터 바꿔 나가야 합니다. 당장 '영원한 젊음'을 이루려는 조급함보단 차근차근 '건강한 노화'를 준비하는 태도가 더 현명한 자세 아닐까요? 노화를 극복할 방법은 우리의 마음가짐에 있는지도 모릅니다.

Power Up!

용어 정리

세포분열 1개의 모세포가 핵분열과 세포질분열을 거쳐 2개의 세포로 나뉘는 현상.

세포핵 진핵생물의 세포 중심에 있는 공 모양의 작은 부분. 핵막으로 쌓였으며, 이 안에 가득 찬 핵액엔 염색사와 인이 들었다. 세포 작용의 중추가 되고 세포분열에 관계한다.

유전자 발현 DNA의 유전정보가 RNA로 전사되면서 단백질이 합성되는 과정. 유전자 발현에 따라 유전자형에서 표현형이 나타난다. RNA 전사는 DNA의 한 가닥만을 주형으로 이뤄진다.

텔로미어 말단소립으로 세포 시계의 역할을 맡는 DNA 조각. 세포분열이 일어날 때 소멸하며, 텔로머레이스라는 역전사효소로 보충되는 작용이 일어난다.

4부

생명과학이 전하는 아찔아찔 지구의 미래

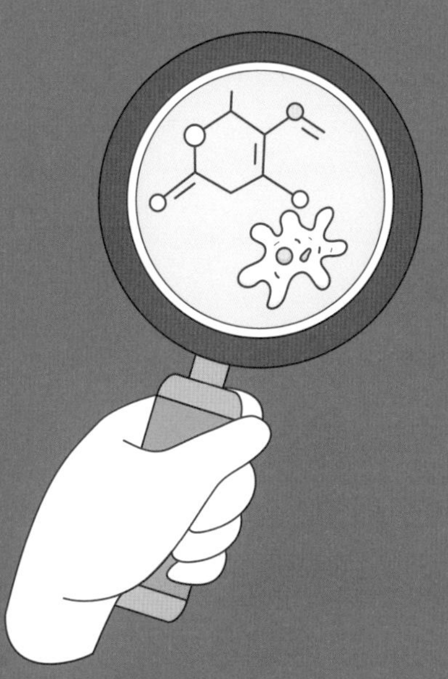

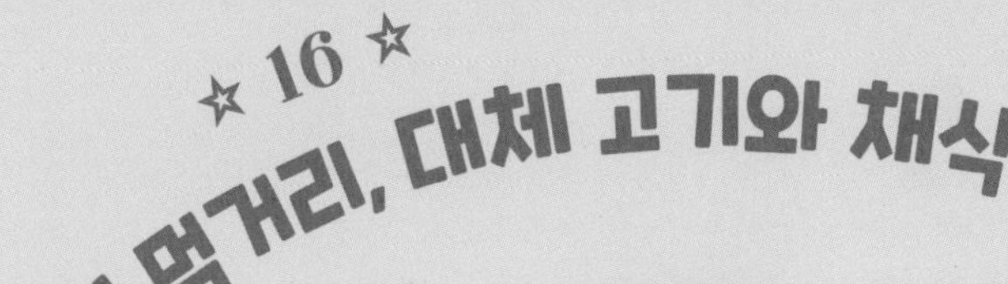

실험실에서 만든 고기, 식탁에 오르다

2022년 7월, 서울 강남구의 한 레스토랑에서 특별한 요리 시식회가 열렸어요. 배양 단백질 생산기술을 개발하는 국내 회사가 애피타이저, 샐러드, 타코, 콜드 파스타, 미니 버거 등 다섯 가지 메뉴를 선보였죠. 모두 울릉도와 독도 연안에서 잡히는 독도새우의 배양육을 활용해 만든 것이었습니다. 배양육은 실험실에서 동물세포를 길러 생산한 인공 고기예요. 이 회사는 2023년까지 설비를 갖춰서 독도새우뿐만 아니라 게·바닷가재 등 다양한 갑각류 배양육을 내놓겠다고 밝혔답니다. 그런데 이들은 왜 인공 고기에 주목한 걸까요?

육식의 시작, 인류의 변화

약 500만 년 전 지구에 살던 원시인류는 채식 위주의 식생활을 했을 겁니다. 화석을 분석하면 그들은 어금니와 턱이 크죠. 다량의 음식물을 수없이 씹었을 때 나타나는 모습이에요. 이는 채식의 증거로 꼽힙니다. 같은 질량을 기준으로 했을 때 채소는 고기보다 열량이 적어서 채식만으로 생존하려면 음식을 엄청 많이 먹어야 하거든요.

지금으로부터 약 258만 년 전 플라이스토세(Pleistocene)가 시작되면서 아프리카 지역은 점점 건조해졌습니다. 그러다 보니 이곳에 살던 초기 인류는 먹거리를 놓고 각종 동물과 치열한 경쟁을 벌였죠. 결국 경쟁에서 밀린 인류는 다른 식량을 알아봐야 했어요.

기원전 8000~6000년 구석기시대의 인구 밀집 지역이던
페루 숨바이동굴군에서 발견된 뼈.

식물의 껍질과 뿌리를 씹어 먹기엔 치아가 너무 약했던 초기 인류는 '고기'를 넘보게 됩니다. 하지만 안타깝게도 그즈음 인류는 성인조차 키가 약 100cm였습니다. 이 덩치로 야생에서 사냥을 벌이기엔 어림도 없었죠. 그러니 죽은 동물의 고기를 노릴 수밖에요.

하지만 이 역시 쉽진 않았습니다. 육식동물이 사냥한 뒤 먹다 남긴 고기를 두고서 독수리·하이에나 등과 경쟁해야 했으니까요. 신체 조건이 불리한 인류는 독수리와 하이에나가 배를 채우고 남긴 뼈를 먹는 지경에 이르렀죠. 다행히 뼛속엔 지방이 풍부해서 인류는 생존할 수 있었습니다. 약한 치아로 뼈를 어떻게 깨물었냐고요? 도구를 썼죠! 돌로 뼈를 깨부순 뒤 쪽쪽 빨아 먹었답니다.

도구의 '맛'을 본 인류는 직접 사냥에도 나섰어요. 구석기 유적에서 돼지·말·사슴·토끼 등의 뼈가 발견되는 게 그 증거죠. 신석기 시대에 이르러 인류는 한 걸음 더 나아가 동물을 길들여 키우기 시작합니다. 돼지·소·양 등을 가축화해서 영양가 높은 고기와 기름, 젖을 얻은 거예요. 또 불을 이용하게 되면서 육식 문화가 한층 더 발달했죠.

과학자들은 인류가 본격적으로 육식과 화식(火食)을 하면서 커다란 변화를 맞게 됐다고 강조합니다. 원시인류인 오스트랄로피테쿠스*Australopithecus*의 뇌 용량은 평균 440cc인데 현생인류인 호모사피엔스*Homo sapiens*의 경우 1,350cc로 늘었거든요. 육식·화식을 한 뒤로 소화에 필요한 시간과 에너지가 줄었고, 이렇게 절약한 에너지가 뇌를 발달시키는 데 쓰인 덕분이죠. 한편 기름진 음식을 소화할 수 있도록 인간 유전자에도 변화가 생겼습니다. 핏속 기름기를 없애는 아포지질단백질(apolipoprotein) 유전자가 등장한 거예요.

가축 기르기와 집약적 축산

인류는 가축을 기르며 동물단백질을 안정적으로 얻게 됐어요. 기술 발전과 함께 축산업의 규모도 점차 커졌죠. 오늘날에도 가축

수는 늘어나는 추세예요. 우리나라 통계자료만 봐도 2022년 3분기 (9월 1일 기준, 통계청 발표) 한우·육우(고기소) 사육 마릿수는 370만 9,000마리로 지난해 같은 시기와 비교해서 2.4% 증가했어요. 비록 젖소는 38만 9,000만 마리로 2.6% 감소하고 돼지의 경우 1,132만 6,000마리로 1.2% 줄었지만 산란계(알닭)와 육계(고기닭)는 각각 7,586만 3,000마리와 8,946만 3,000마리로 7.3%, 6.9%씩 늘었죠. 게다가 오리는 919만 7,000마리로 무려 22.1%나 증가했고요.

그런데 이 많은 동물을 한정된 공간에서 어떻게 기를 수 있을까요? 현재 우리나라의 대다수 산란계는 1마리당 0.05m² 공간에서 자랍니다. 농림축산식품부는 2018년 9월부터 산란계의 적정 사육 면적을 0.075m²로 넓혔지만, 기존 농장엔 그 규정이 7년간 유예돼 2025년 9월부터 적용되죠.

0.05m² 공간은 A4 용지보다 좁아서 닭이 날개를 제대로 펴기조차 힘들어요. 어쩐지 불쌍하다고요? 그렇지만 이는 최소 비용으로 생산량을 최대화하기 위함입니다. 시중에 유통되는 달걀은 대부분 이런 집약적 축산 환경에서 생산돼요.

풀어 키우는 닭은 자유롭게 돌아다니며 몸을 흙에 비벼서 벼룩과 진드기를 털어 냅니다. 집약적 축산의 닭은 그럴 수 없으니 살충제를 뿌릴 수밖에요. 살충제 중엔 사람이 섭취하면 암을 일으키거나 장기에 손상을 주는 성분이 든 것도 있어서 문제입니다.

산란계 농장의 풍경.

2017년 8월, 우려가 현실로 나타났습니다. 일부 달걀에서 살충제 성분이 검출됐죠. 전수조사 결과 전국 마흔아홉 곳의 농장에서 기준치를 초과한 살충제 달걀이 유통된 것으로 밝혀졌어요. 정부는 해당 달걀의 판매를 중지하고 모두 회수했지만, 소비자들은 불안에 떨어야 했답니다.

다른 가축의 상황도 닭과 다르지 않아요. 집약적 축산에서는 쾌적한 환경을 유지하기 어렵죠. 감염병이 돌기도 쉽고요. 이 때문에 많은 농장이 예방 차원에서 가축에게 항생제를 투여해요. 고기와 젖의 양을 늘리려고 성장촉진제·영양제를 주기도 합니다. 그것들이 우리 몸에 어떤 영향을 끼칠지는 모를 일이에요.

육식이 환경에 미치는 영향

집약적 축산 방식만 개선하면 이대로 육식을 지속해도 괜찮지 않냐고요? 그러려면 가축을 풀어놓고 키울 광활한 목초지가 필요합니다. 사료용 곡물 경작지도 확보해야 하죠. 실제로 브라질에선 23억 1,404만m^2의 토지가 가축에게 먹일 콩을 기르는 데 쓰여요.

환경단체에 따르면 1990년 이후 열대우림이 망가진 주원인은 축산업 때문입니다. 곡물 경작지와 목초지를 확보하기 위해 인간이 열대우림을 없앤 것이죠. 바로 지금도 전 세계의 열대우림이 1초마다 4,000m^2씩 사라지고 있습니다.

수천 년에 걸쳐 형성된 열대우림은 여러 동식물의 오랜 터전이에요. 숲이 사라지는 사이에 수많은 동식물이 서식지를 잃어 멸종 위기를 앞두고 있죠. 한편 열대우림은 이산화탄소를 빨아들이고 산소를 내보내며 대기를 깨끗하게 해 줍니다. 그래서 아마존 우림의 별칭이 '지구의 허파'(lungs of the planet)인 거예요. 열대우림이 파괴되면 지구온난화에 심각한 악영향을 끼칠 게 빤하죠.

축산업이 환경에 미치는 영향을 더 알아볼까요? 쇠고기 1kg을 생산하려면 1만 5,500L의 물이 필요합니다. 토마토 1kg을 기르는 데는 고작 180L의 물이면 되는데 말이죠. 6개월 동안 샤워하지 않는 것보다 쇠고기 400g을 먹지 않는 편이 물을 더 아낄 수 있어요.

가축이 내놓는 똥오줌 문제도 심각합니다. 미국에서 1초마다 나오는 가축 배설물만 해도 53t이죠. 여기서 발생한 암모니아는 대기를, 질산염은 수질을 오염시켜요. 일부는 퇴비로 재활용되지만, 가축에게 쓰인 살충제와 항생제가 토지에 함께 스며들어 또 다른 오염을 일으킵니다.

일각에선 축산업의 문제가 심각하니 해양 양식업으로 식량을 확보하자는 주장도 제기돼요. 하지만 해양 양식업은 과연 환경에 악영향을 끼치지 않는 걸까요?

양식장이 있는 해안엔 물고기의 배설물과 사료 찌꺼기가 쌓입니다. 또 양계장에서 그랬듯, 양식장에서도 물고기에게 살충제와 항생제를 투여하죠. 이 모든 게 해양오염의 원인이고요. 수산업이 일으키는 해양오염은 갈수록 심각해지고 있습니다. 그래서 2021년엔 어업의 환경오염 문제에 초점을 맞춘 다큐멘터리영화 〈씨스피라시〉*Seaspiracy*가 넷플릭스(Netflix)를 통해 공개되기도 했죠.

고기를 대신하는 새로운 고기

축산업과 해양 양식업이 우리 식탁을 풍성하게 해 준 사실은 분명해요. 하지만 이 때문에 생긴 문제를 언제까지 내버려 둘 수는 없습니다. 동물복지와 환경을 우선으로 생각해 채식을 선택하는 사람이 점점 늘어나는 이유죠. 그러나 현실적으로 모든 사람이 당장 채식을 실천하기란 어려워요.

최근 해결책으로 등장한 게 바로 '대체 고기'(meat alternative)입니다. 여기에는 식물성 고기, 식용 곤충, 배양육 등이 있죠. 먼저 '식물성 고기'는 말 그대로 식물성 재료를 고기처럼 빚어 만든 식품이에요. 밀·콩 등에서 얻은 식물단백질을 주재료로 활용하는데, 아직은 맛과 식감이 진짜 고기와 차이가 나서 이를 보완하기 위해 다양한 방법이 시도되고 있습니다.

한편 '식용 곤충'은 영양 성분이 우수해요. 대체로 쇠고기보다 단백질 함량이 3배 많고, 콜레스테롤 수치를 낮추는 불포화지방산의 비중이 75% 이상으로 높죠. 게다가 식용 곤충을 생산하는 데는 돈과 에너지가 상대적으로 적게 듭니다. 사료는 돼지의 32%, 소의 17%면 충분하거든요. 또 소는 30개월을 키워야 고기를 얻을 수 있지만, 곤충은 짧게는 3주 안에 먹을 만하게 자라죠. 식용 곤충은 사육 과정에서 폐기물이 거의 나오지 않으며 암모니아·이산화탄소 배출량도 적습니다. 사육 공간 마련에 대한 부담에서도 벗어날 수 있고요.

이에 농촌진흥청과 식품의약품안전처에선 식품 원료로 쓸 수 있는 곤충 종류를 지정해 관리하고 있답니다. 현재 우리나라에선 갈색거저리 애벌레(밀웜), 누에나방 번데기와 애벌레, 메뚜기, 쌍별 귀뚜라미, 수벌 번데기, 아메리카왕거저리 애벌레, 장수풍뎅이 굼벵이, 풀무치, 흰점박이꽃무지 굼벵이 등을 식용 곤충으로 활용할 수 있어요.

마지막으로 '배양육'은 앞서 사례로도 봤듯 동물세포를 이용해 만든 고기입니다. 2013년 8월, 네덜란드 마스트리흐트대의 혈관 생리학 교수인 마르크 포스트(Mark Post)가 영국 런던에서 세계 최초로 배양육 햄버거를 선보였죠.

그런데 배양육은 어떻게 만들어지냐고요? 우선 동물에게서 줄기세포를 채취합니다. 이것을 각종 영양소가 든 배양액에 넣고 기르면 분화 과정을 거쳐 단백질 조직으로 자라죠. 일정량의 단백질 조직을 틀에 넣어서 모양을 내면 배양육이 완성됩니다. 동물을 죽이지 않고도 고기를 얻을 수 있으니 참 좋죠? 이런 장점 덕에 전 세계의 170여 개 업체가 배양육 사업에 뛰어들었고, 우주식량으로 배양육을 활용하려는 연구도 진행 중이랍니다.

식물성 고기, 식용 곤충, 배양육 등 대체 고기는 우리 식생활을 바꿀 수 있을까요? 대체 고기가 보편화하면 기존보다 물 소비량은 84%, 온실가스 배출량은 83%, 토지 사용량은 87%까지 줄일 수 있다는 핀란드의 연구 결과를 주목해 봅시다. 우리가 조금만 노력하면 동물복지와 환경을 모두 지킬 수 있다는 얘기죠.

미래의 바른 먹거리를 고민할 때

물론 대체 고기의 장점과 기존 축산업의 문제점에도 불구하고 육류 생산 체계를 단번에 바꾸기란 힘듭니다. 많은 사람의 생계가 축산업에 달려 있으니까요. 가공·유통 등 관련 산업의 이해관계도 복잡합니다. 사슬처럼 얽힌 경제구조를 생각하면 급격한 변화는 혼란을 가져올 수 있어요.

대체 고기가 넘어야 할 산도 여럿 있습니다. 식물성 고기의 경우 진짜 고기에 비해 영양가가 떨어질 것이란 의견이 많죠. 따라서 신뢰할 만한 연구 결과를 바탕으로 소비자를 설득하는 과정이 필요해요. 일각에서는 대체 고기가 진짜 고기는 아니므로 '육'(肉)이나 '고기' 자를 붙여선 안 된다고 말합니다. 거기에 대응해 올바른 정보를 제공하며 소비자에게 가깝게 다가갈 새로운 이름을 찾는 것도 좋겠죠.

한편 식용 곤충은 거부감을 해소하는 게 먼저예요. 곤충을 먹는다고 생각하면 어쩐지 꺼려지니까요. 부정적 인식을 개선하는 홍보가 필요하며, 가루로 재가공하는 등의 방법을 시도해도 좋겠네요. 배양육은 개발된 지 얼마 안 돼서 아직은 가격이 다소 비싼 편입니다. 진짜 고기와 비교해 가격에서 우위를 차지할 수 있도록 생산 비용을 낮춰야 해요.

미래 먹거리로 주목받는 배양육.

이제 공존하는 삶을 위해, 지구를 위해 대체 고기와 채식을 적극적으로 고민해 봐야 할 시점이에요. 가까운 미래에 더 다양한 선택을 통해 바르고 현명한 소비를 할 수 있기를 기대해 봅니다.

☆ 17 ☆

기회일까 위기일까? '지구의 냉동고'

영구동토에서 5만 년 된 미라 출현!

2020년 8월, 빙하기에 멸종된 것으로 알려진 털코뿔소의 사체가 시베리아에서 모습을 드러냈어요. 발견된 털코뿔소는 털가죽뿐만 아니라 이빨 등의 신체 조직을 고스란히 간직하고 있었죠. 과학자들은 털코뿔소가 시베리아 영구동토에서 약 5만 년간 냉동됐다며, 몸속 장기가 대부분 잘 보존된 덕에 고대 동물이 뭘 먹고 살았는지를 알려 줄 연구 자료가 될 것이라고 밝혔습니다. 최근 러시아와 캐나다 등지에선 영구동토가 녹으면서 지금은 멸종된 털코뿔소를 비롯해 다이어울프·동굴곰·매머드 등의 미라가 속속 발견되고 있답니다.

비밀을 감춘 땅, 지구의 타임캡슐

영구동토, 대체 어떤 곳이길래 과거 동물의 미라가 나오는 걸까요? 끝없이 오랜 시간을 의미하는 '영구'(永久)에 '얼 동'[凍]과 '흙 토'[土] 자가 붙으면, 오랫동안 얼어 있는 땅이란 뜻이 됩니다. 영구동토는 지층 온도가 항상 0°C 아래로 유지되어 한여름에도 얼음이 녹지 않는 곳이죠. 그린란드, 남북 양극 권내, 시베리아, 알래스카, 캐나다 북부를 비롯해 지구 표면의 약 11%를 차지하고 총면적은 1,800만km^2에 달해요.

왜 영구동토에서 동물 미라가 꾸준히 발견되는지를 쉽게 이해하기 위해선 여러분의 집에 있는 냉동고를 떠올리면 됩니다. 마트에서 사 온 고기를 냉동실에 넣으면 꽁꽁 얼어서 오랜 기간 보관할 수 있죠? 며칠 혹은 몇 달 뒤에 꺼내어 녹여도 수분이 약간 줄어든 것 말곤 처음 상태와 큰 차이가 없고요.

영구동토는 지구의 커다란 냉동고이자 타임캡슐입니다. 수천, 수만 년 전에 살았던 생명체가 거기서 아주 낮은 온도로 보존된 덕에 당시의 생활상과 환경을 우리에게 알려 주죠. 매머드를 실제로 본 적 없는 우리가 '매머드는 몸이 털로 덮이고 굽은 엄니를 지닌 코끼릿과 동물'이란 사실을 아는 것도, 매머드가 영구동토에 냉동 상태로 보존됐기에 가능한 일이에요.

시베리아 한복판에 등장한 매머드 사냥꾼

타임캡슐 속 매머드가 우리에게 과거의 환경과 생활상을 알려 줄 뿐만 아니라, 이들의 먼 친척인 코끼리의 역할 또한 대신한다는 사실을 알고 있나요? 코끼리의 엄니인 상아는 오래전부터 당구공과 예술품, 피아노 건반 등을 만드는 데 쓰였습니다. 1979년 아프리카에는 최소 130만 마리의 코끼리가 살았지만 상아 수요가 폭발적으로 증가하며 2016년엔 그 수가 41만 5,000마리 정도로 줄었죠. 현재 아프리카코끼리는 멸종 위기종임에도 매년 약 2만 마리가 상아를 목적으로 밀렵당해요.

매머드의 골격. 엄니의 길이는 4m에 이른다.

심지어 최근엔 아프리카가 아닌 시베리아에서도 상아를 노리는 사냥꾼이 등장했습니다. 1월 평균기온이 영하 25°C인 춥디추운 곳에 과연 코끼리가 살까요?

놀랍게도 시베리아의 사냥꾼들이 노리는 동물은 코끼리가 아니라 매머드입니다. 지구온난화로 시베리아 기온이 급격히 높아지자 영구동토가 녹으면서 매머드의 무덤이 드러나기 시작했거든요. 매머드는 수백만 년 동안 시베리아에서 살다가 약 4,000년 전에 멸종했죠. 고고학자들은 1,000만 마리 이상의 매머드가 영구동토에 묻혀 있으며, 그 가운데 약 80%가 러시아 사하공화국에 존재한다고 추정합니다.

유럽·중국에서 코끼리 상아 거래가 불법으로 규정되자, 10여 년 전 연간 20t 정도였던 매머드 상아 발굴량이 2018년엔 123t으로 늘어났어요. 오늘날 매머드 상아의 매장량은 최대 10억t에 이를 것으로 예상하죠. 사하공화국 정부에서 공식적으로 허가받은 매머드 사냥꾼만 500여 명이고 관련 산업에 종사하는 사람은 약 2,500명에 달해요.

매머드 상아 채굴엔 밝은 면과 어두운 면이 공존합니다. 우선 코끼리 상아를 대체함으로써 멸종 위기종인 아프리카코끼리를 보호하고 시베리아 경제를 활성화한다는 장점이 있죠. 그렇지만 매머드 상아 채굴 과정에서 사냥꾼들이 고압의 물로 산비탈을 도려내거나 큰 터널을 만들기도 하는데, 이는 영구동토를 파괴하는 결과를 낳아요.

영화인가 현실인가, 잠든 것이 깨어난다

한편 사냥꾼이 버리고 간 매머드 잔해에서는 우리가 전혀 기대치 않은 게 발견되기도 해요. 바로 수천, 수만 년 동안 잠들어 있던 미지의 미생물이죠. 영구동토엔 미생물에 감염되어 죽은 동물이 묻혔을 가능성이 있습니다. 그런 동물의 사체가 녹으면서 얼음

속에 갇혀 있던 미생물이 되살아난다면, 이것이 인간에게 어떤 영향을 미칠지는 미지수에요.

2009년 제작된 영화 〈더 소우: 해빙〉*The Thaw*은 바로 그런 문제를 다룹니다. 지구온난화로 빙하가 녹으면서 2만 년 전에 죽은 것으로 추정되는 매머드가 살과 털을 간직한 채로 발견되죠. 북극곰은 이것들을 뜯어 먹은 뒤 알 수 없는 이유로 죽고요.

과학자들은 원인을 조사하기 위해 북극곰 사체를 연구소로 옮기지만, 그 뒤 연구소의 사람들도 온몸에 붉은 얼룩점이 생기며 차례로 쓰러져 죽게 됩니다. 사실 이는 매머드에게 기생하던 고대 곤충이 해동된 알에서 깨어나며 북극곰과 사람들 몸속에 침투한 결과였죠. 과학자들은 고대 곤충을 제거하려고 연구소를 폐쇄한 다음 불을 질러요. 그러나 대도시 근처 어느 호숫가에 떨어져 죽은 새의 몸에서 또다시 고대 곤충이 발견되며 영화는 끝납니다.

단순히 영화 속 상상일 뿐인 걸까요? 물론 영화에서처럼 얼어 있던 알에서 애벌레가 깨어날 확률은 매우 낮습니다. 하지만 바이러스·세균과 같은 미생물이라면, 이야기가 달라지죠. 실제로 연구실에선 바이러스와 세균을 영하 80°C 또는 영하 196°C에서 장기간 냉동 상태로 보관하다가 필요할 때 해동해 되살려 내요. 심지어 바이러스는 10만 년까지 빙하 속에서 동면할 수 있고, 기온이 따뜻해지면 활동을 재개합니다.

인류 멸종 시나리오? 봉인된 병원체의 부활

2016년 7월, 우려하던 일이 벌어졌어요. 지구온난화로 영구동토가 녹으며 시베리아에서 약 75년 전에 탄저병으로 죽은 순록이 모습을 드러낸 것이죠. 죽은 순록의 몸에 갇혀 있던 탄저균이 되살아나자 주변의 순록 2,300여 마리가 순식간에 떼죽음하고 유목민 72명이 병원에 입원했으며, 열두 살 목동이 숨지는 안타까운 일까지 생겼습니다.

불행 중 다행으로 탄저병을 치료할 항생제가 있어서 사태가 더 번지진 않았지만, 탄저균은 얼어붙은 동물 사체에서 수백 년 동안 생존 가능합니다. 이는 곧 시베리아의 탄저병 사태와 같은 일이 언제든 다시 발생할 수 있다는 뜻이죠.

그마저도 시작에 불과해요. 2020년 1월 미국 연구진은 '중국 시짱자치구의 영구동토를 50m 깊이까지 뚫어서 1만 5,000년 전에 살았던 바이러스들을 확보했다'고 밝혔습니다. 이 가운데 5종은 인간이 알고 있는 바이러스였지만, 나머지 28종은 처음 보는 새로운 것이었답니다.

한편 2015년 9월엔 프랑스 연구진이 '시베리아 영구동토에서 3만 년 동안 잠자던 바이러스를 발견했다'고 발표했어요. 그들은 바이러스를 해동해 다시 살려 내는 데도 성공했죠. 연구를 진행한 프랑스국립과학연구센터(CNRS)의 진화생물학자 장미셸 클라브리(Jean-Michel Claverie)는 "아주 약간의 바이러스 입자로도 감염병을 일으킬 가능성이 있는 바이러스를 되살려 내는 게 가능하다"고 밝히면서 "보호 장비 없이 영구동토를 개발했다간 멸종했다고 믿은 바이러스가 부활하는 일도 생길 수 있다"고 말했습니다.

현재 세계는 코로나19를 일으키는 바이러스인 SARS-CoV-2(제2형 중증급성호흡기증후군 코로나바이러스)와 여전히 맞서 싸우는 중이에요. 바로 지금, 영구동토에 잠들어 있던 정체 모르는 바이러스가 지구를 덮친다면 과연 어떻게 될까요? 고대 바이러스 때문에 새로운 감염병이 유행한다면, 아직 여기에 면역력이 없는 인간은 치명적 위기를 맞을 수밖에 없죠.

영구동토에 숨은 보물을 찾아라!

물론 영구동토에 무시무시한 멸망의 씨앗만 도사리는 건 아닙니다. 2020년 6월 스위스 연구진은 '알프스산맥 영구동토에서 1만 3,000년 전의 세균 10종을 발견했다'고 밝혔어요. 연구진이 해발고도 약 3,000m에서 찾아낸 세균 10종은 모두 알려지지 않은 새로운 것이었습니다.

스위스 알프스산맥의 코르바치봉. 해발고도가 3,451m에 달하지만
기후변화로 빙하와 영구동토가 녹고 있다.

그 가운데는 플라스틱 분해 성질을 지녔을 가능성이 큰 세균도 있다고 해요. 우리 삶에서 떼려야 뗄 수 없지만, 버려진 뒤 분해되려면 수백 년이 걸리는 골칫거리인 플라스틱을 처리해 줄 해결사가 알프스 영구동토에서 발견된 셈이죠. 이번 연구를 주도한 스위스연방산림·설빙·경관연구소(WSL)의 생물지구화학자 베아트 프라이(Beat Frey)는 "1,000종의 새로운 생물을 발견한다고 가정했을 때 그중 300종은 영구동토에 산다"라면서 "종다양성이 풍부한 영구동토는 인류의 '금광'이 될 수도 있다"고 말했답니다.

이제는 행동하고 실천할 때

그러나 많은 과학자는 지구의 평균기온이 산업혁명 이전보다 1.5°C 넘게 오르면 영구동토가 녹아내릴 것으로 내다봐요. 18세기 말부터 오늘날까지 지구 평균기온은 이미 1°C 넘게 올랐으며, 앞으로는 상승 속도가 더욱더 빨라져 2100년까지 약 3°C가 더 오르리라고 예상하죠. 기후변화로 영구동토가 녹으며 우리는 점점 더 많은 미라를 발견하게 될 겁니다.

영구동토의 미라는 과거에 관한 과학적 정보를 알려 주는 연구 자료인 동시에, 지구가 얼마나 더워지고 있는지를 명확히 보여 주는 증거예요. 우리는 영구동토를 조심해야 합니다. 지구의 냉동고엔 인류에게 기회가 될 자원뿐만 아니라 재앙을 가져올 위험 요소도 함께 얼어붙어 있으니까요. 과학자들은 녹아내리는 영구동토에 대한 대책을 세워야 한다고 강력히 경고해요. 날로 심해지는 지구온난화를 해결하기 위해 우리 모두 경각심을 품고 일상의 실천으로 나아가 봅시다.

☆ 18 ☆

따뜻해지는 지구, 방황하는 생물

지구온난화와 함께 탄생한 피즐리

2021년 4월, 영국의 한 매체는 급격한 지구온난화로 수많은 생물이 멸종 위기에 처한 와중에도 예외적으로 개체수가 늘어나는 동물이 있다고 전했어요. 바로 피즐리죠. 북극곰과 회색곰 사이에 태어나는 피즐리곰은 10여 년 전만 해도 개체수가 극도로 적어서 실존 여부에 의문이 제기됐을 정도예요. 하지만 최근 들어 북극지방에서 피즐리가 자주 목격됩니다. 이처럼 희귀한 잡종 곰이 갑작스럽게 늘어난 까닭은 뭘까요? 그리고 이런 현상은 우리에게 어떤 메시지를 던지고 있을까요?

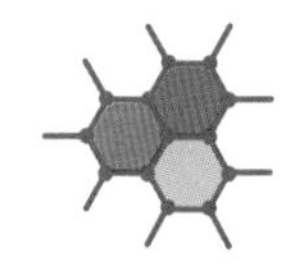

잡종 곰이 등장한 이유

사자(lion)와 호랑이(tiger) 사이에서 난 새끼를 '라이거'(liger) 혹은 '타이곤'(tigon)이라고 부릅니다. 그들은 야생에선 태어날 수 없고, 동물원 등에서 사자와 호랑이가 같이 살게끔 인위적인 조건을 만들어 줘야만 탄생할 수 있죠.

한편 북극곰(polar bear)과 회색곰(grizzly bear) 사이에서도 이 같은 잡종(grizzly-polar bear hybrid)이 태어날 수 있어요. 그때 아빠가 북극곰이고 엄마가 회색곰이면 '피즐리곰'(pizzly bear), 반대면 '그롤러곰'(grolar bear)이라 부릅니다. 라이거·타이곤과 마찬가지로 피즐리·그롤러 역시 대부분 동물원의 사육 개체들 사이에서 발생해요.

동물원의 잡종 곰.

하지만 요즘엔 잡종 곰이 야생에서 자주 보입니다. 그 원인은 지구온난화죠. 그린란드·노르웨이·러시아·알래스카·캐나다 등 북극지방에 살던 북극곰은 빙하가 녹으며 서식지가 줄어들자 내륙으로 이동해 왔고, 북아메리카 서부에서 살아가던 회색곰은 따뜻해진 북극권으로 터전을 넓혀 갔어요. 지난 500만 년 동안 교류가 없었던 두 곰의 삶터가 겹치면서 결국 짝짓기까지 이뤄진 겁니다.

국제자연보전연맹에 따르면 현재 북극곰은 절멸 위기에 놓일 가능성이 커요. 오늘날 북극권은 지구 전체보다 2배 빠른 속도로 온난화가 진행 중이며, 이대로라면 북극곰은 80년 안에 멸종한다는 게 전문가들의 의견이죠.

불행 중 다행일까요? 피즐리와 그롤러는 따뜻한 기후에서 살기에 적합하다고 해요. 그런데 이들 곰은 북극곰처럼 동물을 사냥하기에 좋은 길쭉한 머리뼈를 지녔고, 회색곰처럼 열매 등 딱딱한 음식을 씹을 수 있는 커다란 어금니를 갖췄습니다. 즉 사냥도 잘하고 뭐든지 잘 씹어서 먹이사슬 아래에 있는 생물을 마구 먹어 치울 가능성이 있다는 말이죠. 따라서 앞으로 피즐리와 그롤러의 개체수가 계속 증가한다면 생태계에 큰 혼란이 찾아올 우려가 있어요.

그 많던 명태는 어디로 갔을까?

지구온난화는 바닷속 생물에도 영향을 줍니다. 대표적인 예로 한국인이 가장 즐겨 먹는 물고기인 명태를 들 수 있죠. 1980년대까지만 해도 매년 우리나라 해역에서 10만t 이상의 명태가 잡혔지만, 2007년 이후로는 채 1t도 안 잡힌다고 해요. 기후변화로 인근 바다의 수온이 높아지자 찬물을 좋아하는 명태가 추운 북쪽으로 올라간 탓입니다.

최근 50년간 한국의 바다 수온은 1.2°C가량 상승했어요. 그래서 명태처럼 찬물에 사는 어종은 거의 사라지고, 따뜻한 물을 좋아하는 멸치·오징어 등의 개체수가 많이 늘었답니다.

한편 우리나라 육지에서도 바닷속과 비슷한 현상이 관찰돼요. 한라봉·레드향·천혜향·황금향 등 제주도를 비롯한 일부 남부지방의 특산품이던 감귤류의 재배지가 북상해, 이젠 중부지방인 충청남도·경기도에서도 생산되기 시작한 것이죠. 그런가 하면 열대 과일인 바나나 또한 강원도에서 재배되고요. 이처럼 과일 재배지가 북쪽으로 확장하는 현상은 앞으로도 이어질 것으로 예상합니다.

수컷이 사라져 가는 파충류 사회

지구온난화가 생태계에 끼친 영향은 그 정도로 끝난 게 아니에요. 2014·2015년 미국해양대기청(NOAA) 연구진은 오스트레일리아 북동부에 자리한 세계 최대의 산호초 지대인 '그레이트배리어리프'(Great Barrier Reef)에서 살아가는 푸른바다거북의 성별을 두 차례에 걸쳐 조사했습니다. 조사 결과는 놀라웠죠. 새끼 푸른바다거북의 99%가 암컷이라는 사실이 밝혀졌거든요.

파충류의 성별은 대개 산란 시 온도에 따라 결정됩니다. 거북류는 고온에선 암컷 비율이, 저온에선 수컷 비율이 높아지죠. 또 악어류는 둥지 온도가 32.5~33.5°C일 때는 대부분 수컷으로 태어나지만, 이보다 높거나 낮은 온도에선 주로 암컷으로 나고요.

인공 부화한 새끼 푸른바다거북을 바다로 보내는 모습.

따라서 새끼 푸른바다거북의 99%가 암컷이었다는 조사 결과는 그만큼 둥지 주변의 온도가 높았음을 의미해요. 푸른바다거북은 해변에 구덩이를 파고 알을 낳는데, 모래 온도가 높았던 것이죠. 앞으로 기온 상승이 이어진다면 극심한 성비 불균형으로 조만간 이들 집단에는 암컷만 남을 테고, 결국 그레이트배리어리프의 푸른바다거북은 멸종해 버릴 우려가 있습니다.

2020년 4월 영국왕립학회에서도 그와 비슷한 시사점을 주는 논문이 발표됐어요. 지구온난화로 기온이 높아짐에 따라 악어에게도 성비 불균형이 나타날 수 있다는 내용이었죠. 불과 1.1~1.4°C만 기온이 상승해도 악어의 성비가 암컷 100%로 바뀔 수 있대요.

지금처럼 기온이 계속해서 오른다면 수컷 악어가 더는 태어나지 못해 악어 개체수가 급감할 겁니다. 악어는 먹이사슬을 통제하는 상위 포식자인 만큼, 개체수 급감은 결국 전체 생태계에 악영향을 미칠 수밖에 없죠. 현재 과학자들은 파충류를 멸종 위기로부터 구하기 위해 둥지에서 알을 수집한 뒤, 적당한 온도의 인공환경에서 부화시켜 성비를 맞추는 방법까지 고려하고 있답니다.

여섯 번째 대멸종과 인류세

이처럼 지구온난화에 따른 생태계 변화가 광범위하게 관찰되면서 '대멸종'(mass extinction)을 경고하는 목소리가 높아지고 있습니다. 대멸종이란 '지구상에 존재하는 생물종의 75%가 절멸하는 현상'을 말하죠. 오늘날까지 지구는 소행성 충돌이나 화산 대폭발 등 자연적 요인으로 다섯 차례의 대멸종을 겪었어요.

그런데 바로 지금, 일부 과학자는 '이미 여섯 번째 대멸종이 진행 중'이라고 주장합니다. 인간이 지구의 환경에 불러일으킨 급변화로 대량 절멸이 시작됐다면서요. 다섯 차례의 자연적 대량 절멸은 수십만 년에서 수백만 년에 걸쳐 일어났지만, 인류가 불러온 대멸종은 그에 비해 매우 빠른 속도로 이뤄지는 중이라고 해요.

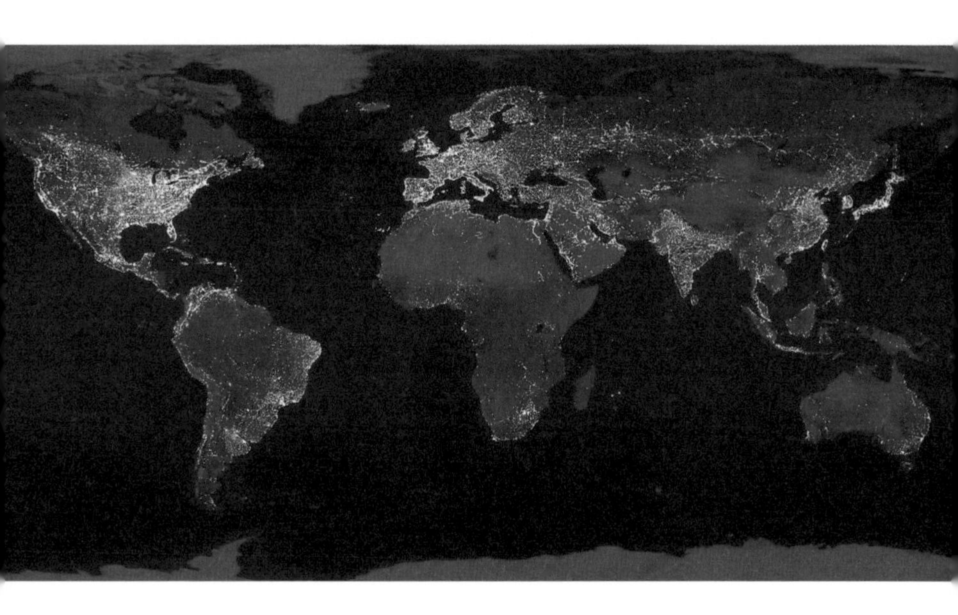

오늘날 지구의 야경. 인류가 바꿔 놓은 풍경이다.

한편 대기오염 문제를 파고들며 오존층 파괴의 원인 물질을 밝혀낸 공로로 1995년 노벨화학상을 받은 네덜란드의 대기화학자 파울 J. 크뤼천(Paul J. Crutzen)은 2000년 5월에 흥미로운 제안을 던졌습니다. 인류가 지구에 끼친 영향이 너무나 크니, 지금의 지질시대를 '인류세'(Anthropocene)로 부르자고 한 것이죠.

지질시대는 지구에 일어난 커다란 변화를 기준으로 나뉩니다. 이 가운데서도 핵심인 기준은 '생물의 출현과 멸종'이에요. 크뤼천은 인간 활동으로 지구의 생태계와 환경이 급변함에 따라 현재까지 이어진 신생대 제4기 홀로세(Holocene)가 끝났으며, 새로운 지질시대가 시작됐다고 주장했습니다.

그 뒤로 인류세는 기후변화를 이야기할 때 핵심 키워드로 여겨지게 됐지만, 공식적인 지질시대로는 아직 인정받지 못했어요. 학계에서 '인류가 지층에 어떤 영향을 줬는지를 벌써 결론짓기엔 이르다'고 판단했기 때문이죠. 일각에선 홀로세 자체가 인류 문명과 함께 시작했으므로 이를 굳이 분리해 인류세로 나눌 필요까진 없다는 의견도 나옵니다. 또 인류세 도입을 주장하는 학자들 사이에서도 그 시작점을 인류 문명의 탄생 시점으로 잡을지, 아니면 산업혁명으로 잡을지가 완전히 합의되진 않은 상황이에요.

지층에 남은 인류의 흔적

전 세계에서 활동하는 다양한 학문 분야의 학자들로 구성된 인류세워킹그룹(AWG)은 '1950년'을 인류세의 시작점으로 제안합니다. 이들은 그 근거로 방사성물질과 플라스틱, 닭 뼈 등을 제시했어요. 1940년대 후반 핵실험으로 생성된 엄청난 양의 방사성물질이 지층에 퇴적됐고, 1950년대부터 플라스틱이 대량 생산되며 미세 플라스틱 입자가 지층에 녹아들었다는 거예요.

여기까지는 고개가 끄덕여집니다. 그런데 닭 뼈는 생뚱맞아 보이죠? 닭 뼈가 인류세 시작점의 근거로 제시된 까닭은, 인류가 가장 많이 소비하는 육류가 바로 닭고기이기 때문이에요. 오늘날 세계에서 매년 도살되는 닭은 660억 마리가 넘죠. 사람들이 남긴 엄청난 양의 닭 뼈는 쓰레기와 함께 땅에 묻히는데, 시간이 흐르면 이것들이 화석화해서 지층에 남을 거예요. 현생인류가 멸망한 뒤 새로운 문명이 등장해 수많은 닭 뼈 화석을 발견한다면 인류세를 닭의 전성시대로 분석할지도 모릅니다.

인류세를 여섯 번째 대량 절멸이 일어난 시대로 만들 것인지, 아니면 인류와 자연이 공존하며 번성한 시대로 만들 것인지는 오롯이 우리 손에 달려 있어요. 현재진행형인 기후변화에 하루빨리 대응하기 위해 우리 모두 지구의 경고 메시지에 귀를 기울여야 하죠.

☆ 19 ☆

인류 미래를 위해 종자를 지키다

전쟁으로 위협받는 씨앗 은행

2022년 5월, 우크라이나 외무부는 소셜 네트워크 서비스를 통해 '북동부 하르키우에 있는 국립식물유전자은행이 러시아군의 공격을 받았다'고 밝혔습니다. 그곳은 554개 작물과 1,802종 식물에 속하는 15만 1,300점의 표본을 수집하고 있어 규모와 다양성 측면에서 세계 10대 씨앗 은행의 하나로 꼽혔어요. 하지만 러시아군의 포격으로 시설이 불타면서 일부 표본이 손상됐죠. 우크라이나는 '유럽의 빵 바구니'로 불릴 만큼 세계 식량 생산에서 중요한 역할을 맡은 나라입니다. 이번 국립식물유전자은행 공격은 종자 자원의 미래에 어떤 영향을 줄까요? 더불어 전쟁 중에도 종자를 지켜야 하는 이유는 뭘까요?

씨앗을 두고도 굶어 죽은 사람들

종자(種子), 즉 씨앗은 식량과 직결되는 자원입니다. 그래서 세계 각국은 식용작물은 물론이고 야생식물의 종자도 모아 소중히 보관하죠. 인구 증가와 환경파괴 등으로 멸종 위기종이 늘자 식물 자원을 보호하려고 '씨앗 은행'(seed bank)을 마련한 겁니다.

전쟁이 씨앗 은행을 위협하는 일은 여러 차례 있었어요. 비단 우크라이나에서만이 아니죠. 2002년 아프가니스탄 가즈니와 잘랄라바드의 종자 창고가 탈레반 군인들에게 약탈당했고, 이듬해엔 이라크 아부그라이브의 씨앗 은행이 파괴됐습니다. 시리아 알레포의 국제건조지역농업연구센터(ICARDA) 씨앗 은행은 내전 발발로 2012년 문을 닫았고요. 전쟁이 인류의 미래까지 파괴하는 셈이죠.

세계 최대의 식물 자원 연구소인 바빌로프식물산업연구소의 내부 모습.

한편 전쟁의 포화 속에서 종자를 지킨 사례도 있답니다. 제2차 세계대전 때의 일이에요. 1941년 9월 8일 소련의 레닌그라드(현재 러시아 상트페테르부르크)는 독일 군인들에게 봉쇄됐습니다. '레닌그라드 포위전'(siege of Leningrad)이 시작된 것이죠. 하지만 레닌그라드 시민들은 항복하지 않고 꿋꿋이 버텼어요. 무려 2년 4개월 19일 동안이나요.

1944년 1월 27일까지 이어진 872일의 봉쇄 가운데 100만 명 이상이 굶주림과 질병 등으로 사망했습니다. 식량이 떨어진 사람들은 키우던 개·고양이를 잡아먹고 가죽 장갑과 모피 코트, 립스틱까지 먹을 정도였죠.

그때 레닌그라드엔 소련에서 종자를 제일 많이 보유한 바빌로프식물산업연구소가 있었어요. 연구원들은 독일군의 봉쇄와 폭격, 굶주림과 질병 한가운데서도 종자를 지키려고 애썼습니다. 겨울에는 씨감자가 얼지 않도록 가구를 부숴 불을 때기까지 했죠. 하지만 안타깝게도 연구원 9명은 굶어 죽고 말았답니다.

이들 곁엔 쌀·옥수수·콩 등의 곡물 꾸러미가 널렸으니, 사실 마음만 먹으면 얼마든지 종자를 꺼내어 입에 넣을 수도 있었을 거예요. 그러나 이들은 종자 단 한 알도 훼손하지 않았죠. 종자를 안전하게 보관하는 책임을 생존보다 우선시한 겁니다. 그 희생을 바탕으로 폐허 속에서도 싹이 움터 국민 생활이 회복됐어요. 종자를 보관한 덕에, 전쟁이 끝나고 농업이 빠르게 제자리를 잡을 수 있었거든요.

오늘날 바빌로프식물산업연구소는 식물표본 25만 점과 종자 34만 종을 보관해, 단일 기관으로는 세계 최대의 식물 자원 연구소로 명성이 높다고 해요. 레닌그라드 포위전 시기 바빌로프식물산업연구소 연구원들의 사례는 "농사꾼이 굶어 죽어도 종자는 베고 죽는다"는 우리나라 속담을 떠올리게 하죠. 굶어 죽을지언정 다음 농사에 쓸 씨앗은 남겨 둬서 자신의 안위보다 후손의 생활을 우선시했으니까요. 이랬던 인류의 종자 보존 정신이 전쟁 앞에서 무색해졌다니 안타까울 따름입니다.

종자, 왜 그토록 지켜야 할까?

오늘날 세계에는 씨앗 은행이 1,750여 곳 있어요. 앞서 소개한 우크라이나의 국립식물유전자은행과 러시아의 바빌로프식물산업연구소 역시 씨앗 은행이죠. 이렇게 각 나라와 기관이 씨앗 은행을 구축하는 까닭은 뭘까요?

현대에 이르러 산업화·세계화의 여파로 농업에도 변화가 찾아왔습니다. 생산성 향상이 농부의 주된 관심사가 된 것이죠. 소출이 곧 소득으로 이어졌으니까요. 생산성이 떨어지는 작물은 설 땅을 점점 잃어 갔습니다. 재배에서 제외되다 못해 종자조차 찾을 수 없게 됐죠. 그런데 갑자기 이들이 필요해진다면? 외국에서 들여와야 할 거예요. 식량 작물과 종자를 수입하면 대외 의존도가 높아질 수밖에 없습니다. 종자 무역 상대국은 식량을 담보 삼아서 더 큰 것을 요구할 수도 있고요. 결국 종자 보호는 식량 주권을 지키는 동시에 농업 경쟁력을 키우는 일이에요.

물론 종자가 자라서 식량이 되는 것만은 아닙니다. 목재 같은 건축자재나 섬유·의약품·화장품 등의 산업 원료로도 쓰이죠. 한편 2009년엔 신종인플루엔자(신종플루, 인플루엔자 A/H1N1)가 퍼지며 수많은 감염자·사망자가 나왔어요. 세계보건기구는 코로나19 때처럼 범유행을 선언했고요. 그런데 오셀타미비르(oseltamivir) 성분의 치료제인 타미플루(Tamiflu)가 개발되자 신종플루는 계절 독감 수준으로 관리되기 시작했습니다. 타미플루의 핵심 원료는 향신료의 하나인 팔각이었죠. 만일 인류에게 팔각 종자가 없었다면 어떻게 됐을까요? 신종플루 희생자가 더 늘어났을지도 모를 일입니다.

지구상엔 약 50만 종의 식물 자원이 존재해요. 이 가운데 식량으로 이용하는 건 3,000종이고 경작하는 작물은 30~100종에 불과하죠. 지금은 가치가 없어 보일지라도 그 식물이 앞으로 어떻게 쓰일지는 알 수 없습니다. 종자의 멸종은 곧 미래 자원을 잃는 것과 같아요. 이 때문에 세계 곳곳에서 식물 자원을 확보해 보관하죠.

고려시대 연꽃이 21세기에 부활하다

한 가지 궁금증이 생깁니다. 씨앗을 보관해야 한다는 건 알겠는데, 오래 묵혀 둔 종자도 과연 새싹을 틔울 수 있을까요? 2008년 6월 이스라엘 연구진은 유대인의 고대 요새 유적인 마사다에서 발견한 무려 1,900년 된 대추야자 씨앗을 발아시키는 데 성공했다고 발표했어요. 그들은 이 오래된 나무에 '므두셀라'라는 이름을 붙여줬죠. 므두셀라는 『성경』에 나온 인물들 가운데 가장 장수한 사람으로, 구백예순아홉 살에 죽었다고 전해진답니다.

함안연꽃테마파크의 아라홍련. 매년 여름, 활짝 핀 연꽃을 볼 수 있다.

그와 비슷한 일이 우리나라에서도 있었어요. 2009년 5월 경상남도 함안군의 성산산성 유적을 발굴하는 과정에서 연꽃 씨앗 10개가 발견된 것이죠. 분석 결과 이 씨앗들은 700여 년 전 고려시대의 것으로 밝혀졌고요.

이듬해 함안박물관에서 파종한 씨앗이 무사히 꽃을 피우며 거기엔 '아라홍련'이라는 이름이 붙었습니다. 함안 지역에서 번성한 옛 아라가야의 이름을 따왔죠. 아라홍련은 과거 연꽃의 모습을 고스란히 지녀서 생물 연구에 도움이 되리라고 기대돼요.

그러니까 한마디로, 오래된 씨앗도 충분히 싹을 틔울 수 있답니다. 씨앗 속의 싹은 단단한 껍질로 보호받으며 휴면 상태를 오래 유지할 수 있죠. 살아가기 적당한 환경이 갖춰지면 금세 잠에서 깨어난 듯 싹을 틔우고요. 물론 보관된 종자들이 모두 싹을 틔우는 건 아니지만요.

새로운 노아의 방주, 한국에도 있다!

씨앗 은행이 필요할 때 언제든 종자를 꺼내어 사용할 수 있는 곳이라면, 씨앗을 영구적으로 보관하는 시설도 있어요. 바로 '시드 볼트'(seed vault)라고 불리는 종자 저장고입니다. 씨앗을 의미하는 '시드'(seed)와 금고를 뜻하는 '볼트'(vault)를 합친 이름이에요.

세계 각 나라와 기관이 씨앗을 맡기는 '국제 종자 저장고'는 지구상에 단 두 곳만 존재해요. 노르웨이 스발바르제도와 우리나라 경상북도 봉화군이죠. 스발바르국제종자저장고에서는 식량 작물 종자를, 백두대간글로벌시드볼트에선 야생식물 종자를 주로 보관합니다.

참고로 백두대간글로벌시드볼트는 국립백두대간수목원 안에 있는데, 이곳은 '국가 보안 시설'로 분류되어 경비가 삼엄하니 접근 금지입니다! 그래도 궁금하다면 『시드 볼트』(2022)라는 책을 읽어 보세요.

스발바르국제종자저장고의 입구.

이쯤에서 또 의문이 들지도 모르겠습니다. 씨앗을 꺼내어 쓰지도 않을 건데, 왜 종자 저장고를 만들었을까요? 절대 일어나서는 안 되겠지만, 혹시라도 지구에 소행성 충돌 같은 천재지변이나 핵전쟁 등이 벌어져 식물이 멸종해 버릴 수도 있잖아요. 그런 최악의 사태를 대비해서 안전한 지하공간에 전 세계의 종자를 모아 저장해 놓은 것이죠. 해당 종자가 멸종하지 않는 한, 씨앗을 꺼내어 쓸 일은 결코 없답니다.

그래서일까요? 종자 저장고를 『성경』 속 '노아의 방주'에 빗대곤 해요. 노아의 방주는 대홍수로부터 생명을 구한 유일한 희망이었으니까요.

달궈지는 지구에서 생명 자원을 지키려면

지구온난화의 속도가 빨라져 가는 오늘날, 종자 저장고도 위협받고 있습니다. 실제로 스발바르국제종자저장고가 지구온난화의 직격탄을 맞은 일이 있죠. 2017년 5월, 빙하가 녹아내리면서 종자 저장고의 입구가 물에 잠겨 버린 거예요. 노르웨이 정부는 또 다른 침수를 대비해 서둘러 공사에 들어갔지만, 이 사건은 '새로운 노아의 방주'도 안전하지 않을 수 있다는 경각심을 일깨웠답니다.

한편 2021년 3월 미국 연구진은 종자를 달에 보관하는 계획을 제안했어요. 달 표면엔 지하 동굴이 200여 개 있는데 거기에 식물 종자뿐 아니라 곰팡이·버섯의 포자(홀씨), 동물의 정자·난자 등 지구 생명체 670만 종의 표본을 보관해 유전물질을 보전하자고 했죠.

연구진은 달의 용암 동굴이야말로 온도 변화, 운석 낙하, 태양 전자기파 등으로부터 표본을 보호하는 데 최적의 장소라고 주장했습니다. 동굴 지름이 100m에 달해서 대형 저장 시설을 만들기에도 적합하다면서요. 달은 지구에서 나흘 만에 닿을 수 있으니 수많은 표본을 운반할 때도 비교적 유리할 겁니다.

물론 이 계획이 성공하려면 먼저 해결해야 할 과제가 있어요. 생물 670만 종의 표본을 달에 보내려면 우주 발사체를 250회나 쏘아 올려야 하니 로켓 기술이 뛰어나야겠죠. 지구의 연구진이 달의 용암 동굴 속 종자 기지와 통신할 방법도 검토해야 하며, 무중력상태가 생물 표본에 미치는 영향 또한 알아봐야 합니다. 아직 기술이 충분하진 않지만, 과학자들이 계속 노력한다면 언젠가 우주 종자 저장고가 실현될지도 몰라요.

그런데 인류는 어쩌다가 우주에까지 종자를 보관하려고 고민하게 됐을까요? 이 모든 건 지구의 환경이 변하며 생물다양성과 생태계가 빠르게 무너지고 있기 때문이죠.

2021년 9월 국제식물원보존연맹(BGCI)이 발표한 자료에 따르면 전 세계 나무의 29.9%에 해당하는 1만 7,510종이 멸종 위기에 놓였다고 해요. 또 2020년 9월 영국의 큐왕립식물원은 전 세계 식물 30만 종의 39.4%가 멸종을 앞뒀다는 내용의 보고서를 펴냈습니다. 2016년 5월에 나온 보고서에선 그 수치가 21%였으니, 4년 사이에 멸종 위기종이 거의 2배나 늘어난 것이죠. 지금처럼 지구 기온이 빠르게 오르면 2100년엔 전체 생물종의 73%가 생존 한계에 내몰릴 것으로 내다본 연구 결과도 있고요.

과학자들은 현재 일어나는 지구온난화의 원인을 인간 활동 때문이라고 지적합니다. 인류는 스스로 판 구덩이에 깊이 빠져들고 있죠. 이 구덩이에서 빠져나오는 것 역시 우리 손에 달려 있지 않을까요? 종자를 관리하는 데 그치지 않고 지구온난화를 막기 위해, 궁극적으로 생명 자원을 보호하기 위해 우리가 할 일은 뭘까요?

☆ 20 ☆

지금, 모두를 위한 탄소 중립

10년 뒤에는 산호가 멸종한다?

2021년 10월, 글로벌산호초모니터링네트워크는 유엔환경계획의 지원을 받아 73개국 1만 2,000여 곳의 산호초를 관찰한 결과 '2009년부터 2018년까지 14%의 산호가 사라졌다'고 밝혔어요. 10년간 서울 면적의 20배에 이르는 지역의 산호가 없어진 것이죠. 한편 2018년 10월, 기후변화에 관한 정부 간 협의체는 '지금과 같은 속도로 이산화탄소가 계속 배출되어 지구 평균기온이 1.5℃ 오르면 전 세계 산호의 70~90%가 사라져 버릴 것'이라고 경고했습니다. 과연 산호가 죽어 가는 이유는 뭘까요? 산호 멸종은 우리에게 무엇을 경고하고 있을까요?

바다에서 점점 녹아 가는 산호

우리는 산호를 바다에 사는 식물로 생각하기 쉽지만, 실은 그렇지 않습니다. 산호는 탄산칼슘으로 이뤄진 단단한 골격을 갖췄어요. 달걀 껍데기나 분필과 같은 성분이죠. 이 속에는 말미잘처럼 연한 몸이 있습니다. 그 몸은 촉수를 지닌 매우 작은 동물들이 모인 것으로, 하나하나를 '폴립'(polyp)이라고 불러요. 산호 폴립은 물속에 떠다니는 플랑크톤을 잡아먹죠.

이뿐만이 아닙니다. 산호 몸엔 바닷물에서 광합성을 하는 생물인 해조류(바닷말)도 함께 살고 있어요. 해조류는 산호에게 영양분을, 산호는 해조류에 살 곳을 주는 공생 관계이죠. 산호가 화려한 색을 띠는 것도 알록달록한 빛을 내뿜는 해조류 덕분이고요.

피지 타베우니섬 연안의 건강한 산호초.

그런데 이런 산호가 점점 사라지고 있습니다. 산호가 없어지는 이유 가운데 하나는, 수온이 오르면서 나타나는 '갯녹음' 때문이죠. 갯녹음은 '바다 사막화', '백화'라고도 불리는데 해조류가 녹으면서 산호가 하얗게 변하며 죽는 현상이에요. 산호가 사라진 자리에는 하얀 암반만이 덩그러니 남고요. 서식지 온도가 평소보다 0.5~1.5°C 오르는 일이 몇 주 동안 이어질 때 갯녹음이 나타납니다.

고작 1.5°C 차이인데 죽는 게 말이 되냐고요? 산호에게는 그 차이가 치명적입니다. 바닷물이 데워지면 공생 관계인 해조류가 산호를 두고 떠나 버리니까요. 갯녹음은 이산화탄소 같은 온실기체가 늘어나 지구 평균기온이 높아지면서 더욱 잦아지고 있어요.

산호에게 더 심각한 위협은 해양 산성화입니다. 바닷물의 산도가 높아지면 골격을 이루는 탄산칼슘이 녹아 버리거든요. 해양 산성화는 산호뿐 아니라, 게·고둥·굴·바닷가재·성게·홍합 등 탄산칼슘으로 이뤄진 골격과 껍데기를 지닌 모든 해양생물의 생명을 위협하죠. 과학자들은 조만간 남극해·북극해 등 극지 바다에도 이런 위협이 덮치리라고 내다봅니다.

탄산수가 되어 가는 바다

해양 산성화가 심각해지는 까닭은 뭘까요? 대기 중 이산화탄소 농도가 높아지고 있어서입니다. 현재까지 인류의 산업 활동으로 축적된 대기 중 이산화탄소의 무게는 약 1조 5,000억t. 지구 전체를 1m 두께로 덮어 버릴 수 있는 어마어마한 양이죠. 그리고 바다는 이렇게 많은 이산화탄소를 빨아들이는 커다란 스펀지와도 같아요. 인간이 만들어 낸 이산화탄소의 약 25%를 흡수하거든요.

바닷물(H_2O)에 이산화탄소(CO_2)가 녹으면 탄산(H_2CO_3)으로 변합니다. 맞아요, 탄산음료에 들어가는 그 '탄산'이죠. 대기 중 이산화탄소가 늘어나 바다에 흡수되는 양도 늘면서 바닷물은 탄산수처럼 변하고 있어요. 이게 바로 해양 산성화예요.

탄산은 염산·황산처럼 산성을 띱니다. 비록 염산과 황산은 산성이 강하고 탄산은 산성이 약하지만, 산은 모두 금속·탄산칼슘 등에 반응해 물질을 녹이고 수소 기체를 발생시키죠. 그래서 산호를 비롯한 해양생물의 골격·껍데기가 녹아 버릴 위험에 놓인 거예요. 물론 지표면의 70%를 차지할 정도로 거대한 바다 전체가 갑자기 톡 쏘는 탄산수로 탈바꿈하진 않겠지만, 급변하는 바닷물 상태는 생태계에 악영향을 미치고 있어요.

해양 산성화가 바꿔 버린 풍경

분명 이렇게 생각하는 사람도 있을 겁니다. '산호가 없어지는 게 뭐 그리 큰 문제인가?' 하지만 산호는 4,000종 이상의 물고기를 비롯해 게·바다거북·새우 등 수많은 동물의 안식처예요. 그들은 천적을 피해서 산호에 몸을 숨기거나, 알을 낳으며 해양생태계를 풍요롭게 유지하죠.

또 산호는 인간에게도 여러 도움을 줘요. 산호를 서식지로 삼는 수많은 해양생물은 인류에게 식량자원이 되며, 산호초 자체가 관광자원이니까요. 폭풍으로부터 해안을 보호하는 방파제 역할도 톡톡히 하죠. 기후학자들은 산호를 분석해 엘니뇨를 연구하고요.

몰디브 힘마푸시섬 연안의 황폐화한 산호초. 역설적이게도
옥빛 바다는 갯녹음의 징조다.

전 세계 바다에 있는 산호의 가치를 돈으로 따지면 매년 40조 원이 넘습니다. 비록 산호초가 차지하는 면적은 해저의 0.2%에 불과하지만, 가치와 쓸모가 상당해서 산호가 사라지면 인간도 큰 손해를 볼 수밖에 없어요.

산호의 떼죽음은 해양 산성화가 생태계에 미칠 엄청난 피해를 경고하는 메시지인지도 모릅니다. 동물성 플랑크톤이 산성화한 바닷물에서 생존하려면 세포를 분열시키거나, 새끼를 낳을 때 사용할 에너지를 끌어다 써야 해요. 번식은 꿈도 못 꾼 채 겨우 목숨만 부지하는 셈이죠. 이렇게 되면 해양생물의 주요 먹이인 플랑크톤 개체수가 줄어서 바다 생태계의 먹이피라미드가 순식간에 무너져 내릴 수 있습니다.

해양 산성화는 바다 생물의 인식능력까지 방해합니다. 바다 생물에게 냄새(휘발성 화합물)는 생존의 필수 요소죠. 먹이를 찾고, 짝짓기 상대를 알아보고, 천적을 피하는 데 냄새를 이용하거든요. 그런데 바닷물 산도가 높아지면, 물질이 녹거나 반응하는 정도가 달라져서 냄새에도 변화가 생깁니다. 해양 산성화가 냄새를 바꿔 버려서 바다 생물의 인식 과정에 혼란을 일으키는 거예요.

이탈리아 연구진은 산성화한 바닷물에서 기른 해조류로부터 휘발성 화합물을 뽑아낸 뒤, 해양생물이 이 냄새에 어떻게 반응하는지를 살펴봤습니다. 그랬더니 고둥은 기존보다 소극적인 반응을 보였고, 새우는 아예 먹이로 인식하지 못했죠. 연구진은 '산성화가 해양생물의 소통 능력을 매우 방해한다'면서 '미래엔 도망치는 대신 천적을 향해 달려가는 동물, 먹이를 알아보지 못하는 동물, 번식 능력이 달라진 동물 등을 보게 될 것'이라고 경고했어요.

이산화탄소, 악당이지만 안 쓸 순 없어

과학자들은 지구온난화와 해양 산성화를 일으킨 '주범'으로 석유·석탄 등의 화석연료를 태울 때 나오는 이산화탄소를 꼽아요. 길어야 100년 정도 사는 인간이 발생시킨 이산화탄소가 인간보다 훨씬 더 오래 남으니까요. 무려 8,000년이 흐른 뒤에도 이산화탄소는 지금의 약 30%가 남아 있을 테죠. 현재로선 이산화탄소를 없앨 특별한 기술이 존재하지 않아서 문제가 더 심각합니다.

하지만 이산화탄소 처지에서 한번 생각해 본다면, 정말 억울할지도 모르겠어요. 사실 이산화탄소는 우리 삶에 다양하게 활용되거든요.

아이스크림을 비롯한 냉동식품을 배달 서비스로 편히 받아 볼 수 있는 건 이산화탄소 덕분입니다. 이산화탄소를 고체로 만든 것이 드라이아이스인데, 이를 냉각제로 이용하면 주변 공기를 차갑게 유지해 줘서 냉동식품이 운송 중에도 녹지 않죠. 의료 현장에선 이산화탄소가 마취제로 쓰여요. 내시경 시술을 할 때 이산화탄소를 주입해 환자를 안정시킨답니다. 액체이산화탄소는 온도가 영하 76℃로 낮아서 티눈 치료 등의 냉동 요법에도 활용되죠. 산업계에서도 이산화탄소는 중요한 역할을 해요. 금속을 이어 붙이는 용접 공정이나 반도체에 회로 패턴을 새기는 에칭 공정엔 이산화탄소가 필수적으로 사용됩니다.

무엇보다도 이산화탄소는 지구 생명체가 생존하는 데 꼭 필요한 존재예요. 광합성 생물이 스스로 양분을 만들고 산소를 내뿜기 위해서는 이산화탄소가 있어야 하니까요. 그러니 덮어놓고 이산화탄소를 무조건 '악당'이라 말하기가 어렵겠죠?

조금씩, 하나씩 탄소 중립을 향해

오늘날 지구 곳곳에서 '탄소 중립'을 외치고 있습니다. 이산화탄소를 배출하는 만큼 흡수해서 실질적인 배출량을 '0'으로 만들자는 거예요. 이에 세계 각국은 이산화탄소를 빨아들일 숲을 조성하거나, 화석연료를 대체할 에너지를 개발하는 등의 노력을 기울이고 있죠. 더불어 탄소 중립을 위한 정책과 제도도 마련하는 중이에요. 이산화탄소를 많이 내뿜는 각종 화석연료의 사용량에 따라 매기는 '탄소세', 이산화탄소 배출량이 많은 나라로부터 들여오는 물품에 매기는 '탄소 국경세' 등이 대표적인 예입니다.

그렇다면 일상생활에서 우리가 탄소 중립을 실천할 방법으로는 어떤 게 있을까요? 이산화탄소는 자동차와 화력발전소에서 많이 뿜어져 나옵니다. 따라서 가까운 거리는 두 발로 걸어 다니고, 자가용보단 자전거 또는 대중교통을 이용하면 좋겠죠? 전기 역시 아껴 쓰고요.

이보다 더 쉬운 일도 있습니다. 바로 온라인 동영상의 시청 시간을 줄이는 것이죠. 한 전문가의 의견에 따르면, 우리가 30분 동안 온라인 동영상을 볼 때 4kWh의 전력이 소비되고 1.6kg의 이산화탄소가 발생한다고 해요. 이산화탄소 1.6kg은 자동차로 6.3km를 달릴 때 나오는 양과 같답니다.

가만히 앉아서 (또는 누워서) 동영상을 볼 뿐인데, 왜 그렇게 이산화탄소가 많이 발생할까요? 이는 온라인상의 데이터를 보관하고 전송하는 시설인 '데이터 센터' 때문이죠.

데이터 센터에 보관된 동영상은 손가락만 까딱하면 실시간으로 전송되어 재생됩니다. 그런데 이런 편리를 위해 데이터 센터는 온종일 쉬지 않고 돌아가며 전력을 소비해요. 데이터를 보관·전송하는 일에도 전력이 쓰이지만, 그보단 '냉방'에 더 많은 전력이 사용되죠. 돌아가는 기계의 열기를 계속 식혀 줘야 하니까요.

OTT 서비스 플랫폼, 이동통신사, 포털 사이트 등 수많은 정보통신 기업은 모두 자체 데이터 센터를 운영합니다. 여기서 얼마나 많은 이산화탄소가 발생할지 생각해 보세요.

2022년 기준, 우리가 심심풀이로 보는 동영상 데이터는 전 세계 인터넷 트래픽의 82%를 차지한다고 해요. 물론 온라인 동영상 서비스 이용을 완전히 끊을 수는 없습니다. 그렇지만 줄여 갈 수는 있어요. 꼭 필요한 게 아니라면 한 번쯤 참아도 좋겠죠? 편리만을 좇는 생활이 바다를 넘어 지구의 환경에 어떤 영향을 미칠지 생각할 때입니다. 이산화탄소 배출량을 줄이고, 인류가 지속 가능한 발전을 이룰 수 있도록 우리 모두 노력하며 실천해 봐요.

라이거 수사자와 암호랑이 사이에서 태어난 잡종. 몸은 사자보다 약간 크며 색깔은 사자와 비슷하나 좀 어둡고, 갈색의 줄무늬가 있는데 또렷하진 않다. 생식능력이 없다.

엘니뇨 기후학·해양학에서 남아메리카 서해안을 따라 흐르는 차가운 페루해류 속에 몇 년에 한 번 이상 난류가 흘러드는 현상. 에콰도르부터 칠레에 이르는 지역의 농업과 어업에 피해를 주고 태평양의 적도 지방, 북아메리카·아시아에도 광범위한 이상기상 현상을 일으킨다.

지질시대 약 45억 7,000만 년 전 지구가 생겨난 뒤부터 현재까지의 시대. 지층 속에 있는 동물 화석을 기초로 해서 시대를 구분하며, 그 절대 연도는 방사성동위원소를 이용해 측정한다. 선캄브리아대·고생대·중생대·신생대로 크게 나뉘고 각각의 대(代)는 다시 기(紀)·세(世)·절(節)로 세분된다.

타이곤 수호랑이와 암사자 사이에서 태어난 잡종. 호랑이와 비슷한 무늬가 있고, 수컷은 사자와 같은 갈기를 지닌다.

플라이스토세 신생대 제4기의 첫 시기. 인류가 발생해 진화한 때다. 지구가 널리 빙하로 덮여서 몹시 추웠고, 매머드 같은 코끼리와 현재의 식물과 같은 것이 생육했다. 갱신세·최신세·홍적세 또는 빙하기라고도 한다.

홀로세 신생대 제4기의 마지막 시기. 약 1만 년 전부터 현재까지를 가리킨다. 완신세·충적세 또는 현세라고도 부른다.

도판 출처

p. 17. ©Mx. Granger(Wikimedia Commons)
p. 19. ©Everett Collection(Shutterstock)
p. 22. ©Spencer Davis(Unsplash)
p. 28. ©Heiti Paves(Shutterstock)
p. 30. ©National Archives at Atlanta(NARA)
p. 38. ©Monkey Business Images(Shutterstock)
p. 41. ©bezikus(Shutterstock)
p. 50. ©신영근(연합뉴스)
p. 52. ©Daily Mail
p. 54. ©Adrian Mars(Shutterstock)
p. 59. ©Javier Larrea(agefotostock via Alamy)
p. 62. ©1968 Warner Bros.(IMDb)
p. 75. ©hapelena(Shutterstock)
p. 80. ©Danita Delimont(Shutterstock)
p. 82. ©Rattiya Thongdumhyu(Shutterstock)
p. 85. ©unoL(Shutterstock)
p. 87. ©kobkik(Shutterstock)
p. 92. ©OKcamera(Shutterstock)
p. 96. ©Suthat Chaithaweesap(Shutterstock)
p. 98. ©konjaunt(Shutterstock)
p. 103. ©Aleron Val(Shutterstock)
p. 107. ©Ewa Studio(Shutterstock)
p. 109. ©ROLAND WEIHRAUCH(EPA via 연합뉴스)
p. 113. ©UfaBizPhoto(Shutterstock)
p. 117. ©Jim Gathany(CDC)
p. 122. ©MIT Technology Review

p. 132. ©LadyRhino (Shutterstock)
p. 134. ©isak55 (Shutterstock)
p. 137. ©Illarionova (Shutterstock)
p. 139. ©Dan Race (Shutterstock)
p. 145. ©Beijing Municipal Public Security Bureau
p. 147. ©Anton_Ivanov (Shutterstock)
p. 150. ©The PPiB Promoter
p. 155. ©beeboys (Shutterstock)
p. 158. ©George Prentzas (Unsplash)
p. 168. ©rbkomar (Shutterstock)
p. 171. ©nito (Shutterstock)
p. 173. ©Celso Pupo (Shutterstock)
p. 181. ©kubek_77 (Shutterstock)
p. 183. ©Johnathan21 (Shutterstock)
p. 193. ©PeteVch (Shutterstock)
p. 196. ©HENADZI KILENT (Shutterstock)
p. 202. ©Firn (Shutterstock)
p. 206. ©AKKHARAT JARUSILAWONG (Shutterstock)
p. 211. ©GMC Photopress (Shutterstock)
p. 216. ©hoernchenralle (Shutterstock)
p. 219. ©Evan Aube (Shutterstock)
p. 221. ©berni0004 (Shutterstock)
p. 226. ©Akimov Igor (Shutterstock)
p. 230. ©Stock for you (Shutterstock)
p. 232. ©Marcin Kadziolka (Shutterstock)
p. 237. ©John A. Anderson (Shutterstock)
p. 240. ©Flystock (Shutterstock)

북트리거 일반 도서

북트리거 청소년 도서

진화에서 부활까지—

특종! 생명과학 뉴스

1판 1쇄 발행일 2022년 12월 30일

지은이 이고은
펴낸이 권준구 | 펴낸곳 (주)지학사
본부장 황홍규 | 편집장 윤소현 | 편집 김지영 양선화 서동조 김승주
책임편집 서동조 | 디자인 스튜디오 진진
마케팅 송성만 손정빈 윤술옥 이혜인 | 제작 김현정 이진형 강석준
등록 2017년 2월 9일(제2017-000034호) | 주소 서울시 마포구 신촌로6길 5
전화 02.330.5265 | 팩스 02.3141.4488 | 이메일 booktrigger@jihak.co.kr
홈페이지 www.jihak.co.kr | 포스트 post.naver.com/booktrigger
페이스북 www.facebook.com/booktrigger | 인스타그램 @booktrigger

ISBN 979-11-89799-87-8 43470

북트리거

트리거(trigger)는 '방아쇠, 계기, 유인, 자극'을 뜻합니다.
북트리거는 나와 사물, 이웃과 세상을 바라보는 시선에 신선한 자극을 주는 책을 펴냅니다.